Dorfmayr · Mistlbacher · Sator · Zillner

thema mathematik

8

Maturawissen kompakt

Gemeinsam besser lernen

Inhalt

Algebra und Geometrie

AG 1: Grundbegriffe der Algebra

Zahlenmengen

Die **Zahlenbereiche (-mengen)** $\mathbb{N}$, $\mathbb{Z}$, $\mathbb{Q}$, $\mathbb{R}$, $\mathbb{C}$ fassen jeweils Zahlen mit festgelegten Eigenschaften zusammen.

natürliche Zahlen $\mathbb{N} = \{0, 1, 2, 3, \ldots\}$

ganze Zahlen $\mathbb{Z} = \{\ldots -3, -2, -1, 0, 1, 2, 3, \ldots\}$

rationale Zahlen $\mathbb{Q} = \left\{\frac{z}{n} \,\middle|\, z \in \mathbb{Z}, n \in \mathbb{N}^*\right\}$

- als Quotienten ganzer Zahlen darstellbar
- haben endliche oder unendlich periodische Dezimaldarstellung

irrationale Zahlen $\mathbb{I} = \mathbb{R} \setminus \mathbb{Q}$

- nicht als Quotienten ganzer Zahlen darstellbar
- haben unendlich nicht-periodische Dezimaldarstellung

reelle Zahlen $\mathbb{R} = \mathbb{Q} \cup \mathbb{I}$ = Menge aller Dezimalzahlen

komplexe Zahlen $\mathbb{C} = \{a + b \cdot i \mid a, b \in \mathbb{R}\}$
a = **Realteil**, b = **Imaginärteil**, i = **imaginäre Einheit**

Hinweise

- Jede Zahl mit den entsprechenden Eigenschaften ist **Element** der passenden Menge, z. B. $-3 \in \mathbb{Z}$, $\sqrt{2} \notin \mathbb{Q}$.
- Besondere irrationale Zahlen: **Euler'sche Zahl** e = 2,7182818…
  Kreiszahl π = 3,1415926…
- Für jede natürliche Zahl n, die keine Quadratzahl ist, ist $\sqrt{n}$ irrational, z. B.
  - $\sqrt{36}$ ist rational, weil $36 = 6^2$ eine Quadratzahl ist.
  - $\sqrt{8}$ ist irrational, weil 8 nicht als Quadrat einer natürlichen Zahl geschrieben werden kann.

Bsp

a) $3{,}53232\ldots = 3{,}5\overline{32}$ ist rational, weil die Dezimaldarstellung unendlich periodisch ist.

b) $\sqrt{20}$ ist irrational, weil $\sqrt{20} = \sqrt{4 \cdot 5} = 2 \cdot \sqrt{5}$ und 5 keine Quadratzahl ist

c) $\sqrt{\frac{a^2}{100}}$ mit $a \in \mathbb{Q}^+$ ist rational, weil $\sqrt{\frac{a^2}{100}} = \frac{a}{10}$ und weil der Quotient der rationalen Zahlen a und 10 rational ist.

Zusammenhang zwischen Zahlenmengen

A ist **Teilmenge** von B	$A \subseteq B$ jedes Element von A ist auch Element von B
Mengendiagramm	grafische Darstellung der **Teilmengenbeziehungen** zwischen verschiedenen Mengen
Venn-Diagramm	Mengendiagramm wie in den Abbildungen bei den Hinweisen

Hinweise

- Ist $A \subseteq B$ und $A \neq B$, so sprechen wir von einer *echten Teilmenge* und schreiben $A \subset B$.
- Teilmengenbeziehung zwischen den Zahlenmengen: $\mathbb{N} \subset \mathbb{Z} \subset \mathbb{Q} \subset \mathbb{R} \subset \mathbb{C}$
- mögliche Veranschaulichung von $\mathbb{I}$ siehe Abbildung

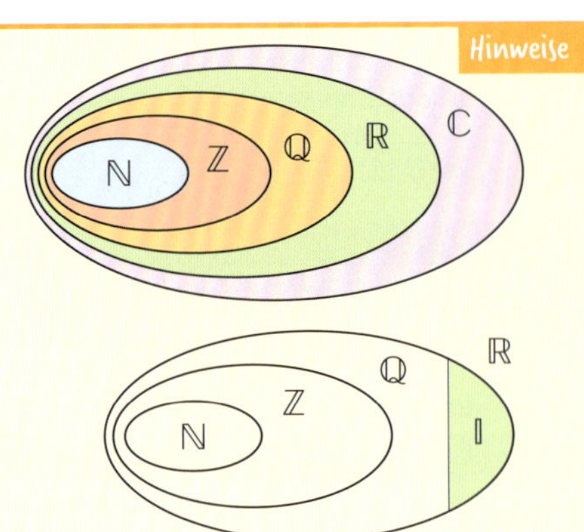

Gebräuchliche **Abkürzungen** für eine Zahlenmenge $\mathbb{M}$:

$\mathbb{M}^+$	positive Zahlen der Menge $\mathbb{M}$
$\mathbb{M}^-$	negative Zahlen der Menge $\mathbb{M}$
$\mathbb{M}^* = \mathbb{M}\setminus\{0\}$	Zahlen der Menge $\mathbb{M}$ ungleich Null
$\mathbb{M}_0^+$	nicht-negative Zahlen der Menge $\mathbb{M}$
$\mathbb{M}_g$	gerade Zahlen der Menge $\mathbb{M}$ (nur für $\mathbb{N}$ oder $\mathbb{Z}$)
$\mathbb{M}_u$	ungerade Zahlen der Menge $\mathbb{M}$ (nur für $\mathbb{N}$ oder $\mathbb{Z}$)

Bsp

$\mathbb{N} \neq \mathbb{Z}^+$, weil $0 \in \mathbb{N}$, aber $0 \notin \mathbb{Z}^+$

$\mathbb{R}^*$ enthält alle positiven und negativen reellen Zahlen, d. h. alle reellen Zahlen außer 0

Zahlen grafisch darstellen

Reelle Zahlen:

Punkte auf dem **Zahlenstrahl**

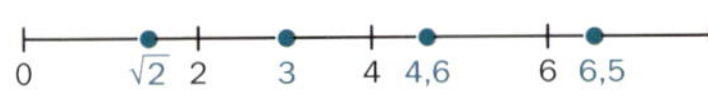

Punkte auf der **Zahlengeraden**

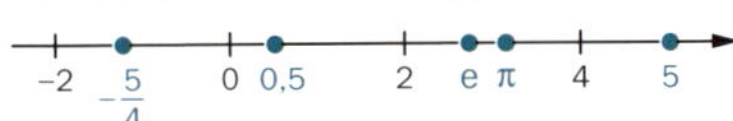

Komplexe Zahlen:

Punkte in der **Gauß'schen Zahlenebene**

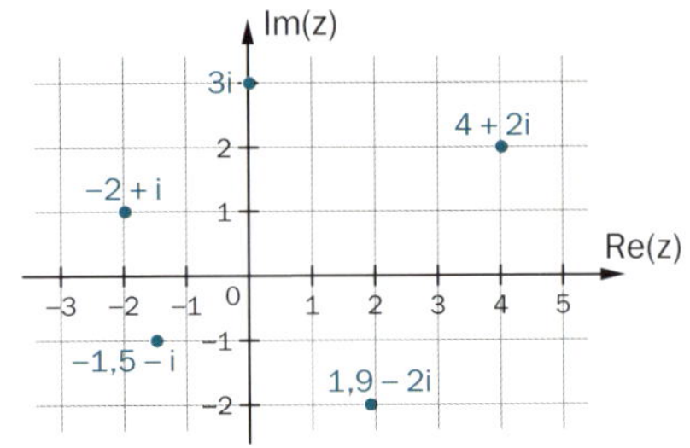

Jeder zusammenhängende Abschnitt auf der Zahlengeraden stellt eine besondere Teilmenge der reellen Zahlen dar – ein **Intervall**.

Schranken	Intervallschreibweise	Zahlengerade
$a \leq x \leq b$	$[a; b]$	a b
$a \leq x < b$	$[a; b)$	a b
$a < x \leq b$	$(a; b]$	a b
$a < x < b$	$(a; b)$	a b
$x \leq b$	$(-\infty; b]$	b
$b < x$	$(b; \infty)$	b

Der **(Absolut-)Betrag $|z|$** einer Zahl z ist der Abstand des entsprechenden Punktes vom Nullpunkt. Für $z \in \mathbb{R}$ gilt:

$$|z| = \begin{cases} z & \text{für } z \geq 0 \\ -z & \text{sonst} \end{cases}$$

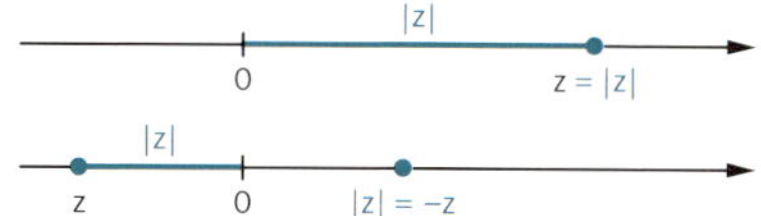

Hinweise

- Eine reelle Zahl z und ihre **Gegenzahl** $-z$ haben den selben Betrag.
- Der Betrag einer reellen Zahl kann als Länge einer Strecke oder als Punkt auf der Zahlengerade dargestellt werden (siehe Abbildung oben).
- Für den Betrag einer komplexen Zahl gilt: $|a + b \cdot i| = \sqrt{a^2 + b^2}$
- Eine komplexe Zahl $z = a + b \cdot i$ und ihre **konjugiert komplexe Zahl** $\overline{z} = a - b \cdot i$ haben den selben Betrag.

Axiome (Grundrechenregeln) für komplexe Zahlen

Für alle $a, b, c \in \mathbb{C}$ gilt:	Addition		Multiplikation	
Abgeschlossenheit	$a + b \in \mathbb{C}$	(Ab +)	$a \cdot b \in \mathbb{C}$	(Ab ·)
Kommutativgesetz	$a + b = b + a$	(K +)	$a \cdot b = b \cdot a$	(K ·)
Assoziativgesetz	$(a + b) + c = a + (b + c)$	(A +)	$(a \cdot b) \cdot c = a \cdot (b \cdot c)$	(A ·)
Existenz eines eindeutig bestimmten neutralen Elements	$a + 0 = a$	(N +)	$a \cdot 1 = a$	(N ·)
Existenz eines eindeutig bestimmten inversen Elements	$a + (-a) = 0$	(I +)	$a \cdot \frac{1}{a} = 1$ für $a \neq 0$	(I ·)
Distributivgesetz	$a \cdot (b + c) = a \cdot b + a \cdot c$			(D)

Bsp Gehe beim Rechnen mit komplexen Zahlen wie beim Rechnen mit Termen vor und verwende $i^2 = -1$.

$z_1 = 5 + 3i,\ z_2 = 6 - i$

$z_1 \cdot z_2$ **ohne GeoGebra-CAS:**

$(5 + 3i) \cdot (6 - i) =$
$30 - 5i + 18i - 3i^2 =$
$30 + 13i - 3 \cdot (-1) =$
$33 + 13i$

$\frac{z_1}{z_2}$ **mit GeoGebra-CAS:**

1	z_1:=5+3 í → $z_1 := 5 + 3\mathrm{i}$
2	z_2:=6- í → $z_2 := 6 - \mathrm{i}$
3	z_1/z_2 → $\frac{27 + 23\mathrm{i}}{37}$

Algebraische Begriffe

Variablen und Terme

Variable	steht für eine unbekannte oder unbestimmte Größe
Term	mathematischer Ausdruck; sinnvolle Verknüpfung von Zahlen und Variablen durch Rechenzeichen
Grundmenge	enthält alle Werte der Variablen, die in einer bestimmten Anwendungssituation sinnvoll sind
Definitionsmenge	enthält alle Werte der Variablen, für die ein Term bzw. die Terme einer (Un-)Gleichung bzw. eines Gleichungssystems mathematisch sinnvoll sind

Hinweise

- Gleichartige Variablen werden oft mit einem **Index** (einer tiefgestellten Zahl) nummeriert, z. B. x_0, x_1, x_2 …
- Eine Zahl oder eine Variable alleine ist auch ein Term.
- Bei der **Umformung eines Terms** werden Rechenregeln für Zahlen und Variablen angewendet.

Bsp Bestimmung der Definitionsmenge von $\frac{3x - 1}{x \cdot (x + 3)}$:

Der Nenner $x \cdot (x + 3)$ muss $\neq 0$ sein. Berechne daher jene Werte von x, für die der Nenner verschwindet. Verwende dazu den **Produkt-Null-Satz:**

$$\underbrace{x}_{x = 0} \cdot \underbrace{(x + 3)}_{\substack{x + 3 = 0 \\ x = -3}} = 0$$

$\Rightarrow$ Definitionsmenge $\mathbb{D} = \{x \in \mathbb{R} \mid x \neq 0, x \neq -3\} = \mathbb{R} \setminus \{0; -3\}$

Potenzen, Wurzeln

k-te Wurzel $\sqrt[k]{a}$ mit $a \in \mathbb{R}_0^+$, $k \in \mathbb{N}^*$ — $\sqrt[k]{a} \geq 0$ ist Lösung von $x^k = a$

Potenz a^z mit **Basis** $a \in \mathbb{R}^*$ und **Exponent** (Hochzahl) $z \in \mathbb{Z}$

$$a^z = \underbrace{a \cdot a \cdot a \cdot \ldots \cdot a}_{z \text{ Faktoren}} \quad \text{für } z > 0$$

$$a^0 = 1$$

$$a^{-z} = \frac{1}{\underbrace{a \cdot a \cdot a \cdot \ldots \cdot a}_{|z| \text{ Faktoren}}} \quad \text{für } z > 0$$

Potenz $a^{\frac{n}{k}}$ mit $a \in \mathbb{R}^+$, $k \in \mathbb{N}^*$, $n \in \mathbb{Z}$ — $a^{\frac{n}{k}} = \sqrt[k]{a^n}$

Rechenregeln für Potenzen — $a, b \in \mathbb{R}^+$; $r, s \in \mathbb{R}$

$a^r \cdot a^s = a^{r+s}$	$(a \cdot b)^r = a^r \cdot b^r$
$\frac{a^r}{a^s} = a^{r-s}$	$\left(\frac{a}{b}\right)^r = \frac{a^r}{b^r}$
$(a^r)^s = a^{r \cdot s}$	

Binomische Formeln

$(a \pm b)^2 = a^2 \pm 2 \cdot a \cdot b + b^2$	$(a + b) \cdot (a - b) = a^2 - b^2$

Bsp

a) $\frac{a^{-3} \cdot (a + 3b)^2}{a^2 - 9b^2} = \frac{(a + 3b)^2}{a^3 \cdot (a + 3b) \cdot (a - 3b)} = \frac{a + 3b}{a^3 \cdot (a - 3b)}$

b) $\sqrt[4]{x^2} \cdot \sqrt[3]{8x} = x^{\frac{2}{4}} \cdot \sqrt[3]{8} \cdot x^{\frac{1}{3}} = 2 \cdot x^{\frac{1}{2} + \frac{1}{3}} = 2x^{\frac{5}{6}} = 2 \cdot \sqrt[6]{x^5}$

Logarithmen

Logarithmus vom Numerus b zur **Basis** a mit $a, b \in \mathbb{R}^+$, $a \neq 1$

$\log_a b$ ist Lösung von $a^x = b$

dekadischer Logarithmus — Logarithmus zur Basis 10
Schreibweise $\lg a = \log_{10} a$

natürlicher Logarithmus — Logarithmus zur Basis e (Euler'sche Zahl)
Schreibweise $\ln a = \log_e a$

Rechenregeln für Logarithmen — $a, r, s \in \mathbb{R}^+$, $a \neq 1$, $c \in \mathbb{R}$

$\log_a(r \cdot s) = \log_a r + \log_a s$	$\log_a r^c = c \cdot \log_a r$
$\log_a\left(\frac{r}{s}\right) = \log_a r - \log_a s$	

Bsp

a) $\lg 1000 = 3$, weil $\lg 1000$ Lösung von $10^x = 1000$ und $10^3 = 1000$ ist.

b) $\ln e = 1$, weil $\ln e$ Lösung von $e^x = e$ und $e^1 = e$ ist.

Gleichungen, Ungleichungen, Gleichungssysteme

Gleichung	mathematische Aussage der Form „linke Seite = rechte Seite“, wobei auf beiden Seiten Terme stehen: $T_L = T_R$
Formel	beschreibt den Zusammenhang verschiedener Größen in Form einer Gleichung
Ungleichung	mathematische Aussage mit einem Ungleichheitszeichen, wobei auf beiden Seiten Terme stehen: $T_L < T_R$, $T_L \leq T_R$, $T_L > T_R$, $T_L \geq T_R$
Gleichungssystem	besteht aus mindestens 2 Gleichungen
Äquivalenz	**äquivalente** (Un-)Gleichungen bzw. Gleichungssysteme haben genau die gleichen Lösungen
(Äquivalenz-)Umformung	verändert die Lösung(en) einer (Un-)Gleichung bzw. eines Gleichungssystems nicht
Lösung	Wert(e) der gesuchten Variable(n), für die eine (Un-)Gleichung bzw. alle Gleichungen eines Gleichungssystems wahr ist/sind
Lösungsmenge	Menge aller Lösungen einer (Un-)Gleichung bzw. eines Gleichungssystems
Lösbarkeit	Eine (Un-)Gleichung bzw. ein Gleichungssystem ist **lösbar**, wenn zumindest eine Lösung existiert.

Hinweise

- Eine (Un-)Gleichung kann wahr oder falsch sein und auch nur Zahlen enthalten, z. B. $-4 \neq 0$; $1 = \frac{\pi}{\pi}$; $a + 1 = a$; $x = x$; $8 < 0$; $x^2 \geq 0$
- Eine Lösung eines Gleichungssystems in 2, 3 oder mehr Unbekannten besteht aus zwei Zahlen – einem **Zahlenpaar** (x, y), drei Zahlen – einem **Zahlentripel** (x, y, z) bzw. allgemein n Zahlen – einem **Zahlentupel** $(x_1, x_2, \ldots, x_n)$.

Äquivalenzumformungen bei (Un-)Gleichungen

1. Seiten tauschen
2. auf beiden Seiten den gleichen Wert a addieren bzw. subtrahieren
3. beide Seiten mit dem gleichen Wert $a \neq 0$ multiplizieren oder durch den gleichen Wert $a \neq 0$ dividieren
   Bei Ungleichungen dreht sich dabei für $a < 0$ das Relationszeichen um.

Hinweis

- Eine Multiplikation mit oder Division durch eine Variable oder einen Term, der Variablen enthält, ist keine Äquivalenzumformung, da die Variable bzw. der Term den Wert Null haben könnten.

Äquivalenzumformungen bei Gleichungssystemen

Zusätzlich zu den Äquivalenzumformungen bei Gleichungen:

1. Gleichungen tauschen
2. Gleichungen addieren oder subtrahieren

Bsp Überprüfen, ob die gegebenen Gleichungen (**1**) und (**2**) äquivalent sind.

(**1**) $(2x - 1) \cdot (x + 3) = 0$
(**2**) $x + 3 = 0$

1. Möglichkeit:
Überprüfe, ob beide Gleichungen die gleichen Lösungen haben.

Lösungen von Gleichung (**1**):
$x_1 = \frac{1}{2}$, $x_2 = -3$

Lösung von Gleichung (**2**):
$x = -3$

Lösungen stimmen nicht überein

⇒ Gleichungen nicht äquivalent

2. Möglichkeit:
Überlege, ob eine Gleichung durch Äquivalenzumformungen aus der anderen hervorgeht.

(**1**) $(2x - 1) \cdot (x + 3) = 0 \quad | : (2x - 1)$
(**2**) $x + 3 = 0$

Division durch den Term $2x - 1$ ist keine Äquivalenzumformung.

⇒ Gleichungen nicht äquivalent

Bsp Überprüfen, ob (1; −4) Lösung des gegebenen Gleichungssystems ist.

I: $5x - \frac{y}{2} = 7$
II: $9x + y = -5$

1. Möglichkeit:
Kontrolliere durch Einsetzen, ob das Zahlenpaar (1; −4) beide Gleichungen erfüllt.

In I: $5 \cdot 1 - \frac{-4}{2} = 7$ ✓
In II: $9 \cdot 1 + (-4) = -5$ ✓

⇒ (1; −4) ist Lösung beider Gleichungen und somit Lösung des Gleichungssystems.

2. Möglichkeit:
Löse das Gleichungssystem mit Äquivalenzumformungen und kontrolliere die Lösung.

Hinweis

Gleichungen können auch durch **Substitution** vereinfacht werden. Dabei wird ein Term durch eine Variable oder einen anderen Term ersetzt, z. B. $x^4 + x^2 - 1 = 0$ wird durch die Substitution $t := x^2$ zur quadratischen Gleichung $t^2 + t - 1 = 0$.

▶ Zum Weiterüben:
Typ 1-Aufgaben zu AG 1 findest du in Thema Mathematik 8, S. 157–162.

AG 2: (Un-)Gleichungen und Gleichungssysteme

Terme, Formeln, lineare Gleichungen

Lineare Gleichungen enthalten nur Summanden der Form „bekannte Konstante“ und „Konstante mal Unbekannte“:

lineare Gleichungen $a \cdot x = b$ mit $a \neq 0$

$a \cdot x + b \cdot y = c$ mit $a, b \neq 0$

$a \cdot x + b \cdot y + c \cdot z = d$ mit $a, b, c \neq 0$

Dabei sind $a, b, c, d \in \mathbb{R}$ **Parameter**, d. h. Zahlenwerte, die in konkreten Beispielen gegeben sind.

Umformen bzw. lösen

Für das Rechnen mit Termen gelten die gleichen Grundrechenregeln wie für die Zahlen der entsprechenden Grundmenge.

Gleichungen werden mit Äquivalenzumformungen umgeformt und gelöst.
Formeln sind besondere Gleichungen und können daher genau wie Gleichungen umgeformt werden.

Lösungsfälle einer linearen Gleichung in einer Unbekannten x:

eine Lösung	keine Lösung	unendlich viele Lösungen
z. B. $7x - 4 = 10$ ist äquivalent zur Gleichung $x = 2$ $\Rightarrow$ Lösung $x = 2$ $\mathbb{L} = \{2\}$	z. B. $7x - 4 = 7x$ ist äquivalent zur falschen Aussage $-4 = 0$ $\Rightarrow$ keine Lösung $\mathbb{L} = \varnothing$	z. B. $7x - 4 = 5x - 4 + 2x$ ist äquivalent zur wahren Aussage $0 = 0$ $\Rightarrow$ jede reelle Zahl ist Lösung $\mathbb{L} = \mathbb{R}$

Aufstellen und im Kontext deuten

Im Folgenden sind x und $p > 0$ reelle Zahlen.

Alltagssprache	mathematische Formelsprache
x um 10 vermehren/erhöhen	$x + 10$
x um 10 vermindern/verringern	$x - 10$
x verdoppeln, verdreifachen, usw.	$2x$, $3x$, usw.
x halbieren, dritteln, usw.	$\frac{x}{2}, \frac{x}{3}$, usw.
p% von x	$\frac{p}{100} \cdot x$
x um 10% vermehren/erhöhen	$x + \frac{10}{100} \cdot x = 1{,}1x$
x um 10% vermindern/verringern	$x - \frac{10}{100} \cdot x = 0{,}9x$
Unterschied zwischen x und 10	$x - 10$ für $x \geq 10$, $10 - x$ für $x \leq 10$ allgemein: $\lvert x - 10\rvert$ oder $\lvert 10 - x\rvert$

Bsp Ein Mixgetränk besteht aus zwei Fruchtsäften *A* und *B*, von denen ein Liter *a* € bzw. *b* € kostet.

Interpretieren der Gleichung: $3a + 2{,}5b = 18$

Interpretiere zuerst einzelne Teilterme:

$$\underbrace{3a}_{\text{Preis für } 3\,\ell \text{ von } A} + \underbrace{2{,}5b}_{\text{Preis für } 2{,}5\,\ell \text{ von } B} = 18$$

⇒ 5,5 ℓ des Mixgetränkes kosten gesamt 18 €.

Mehrwertsteuer (MwSt.)	Steuer auf Einkäufe und Dienstleistungen
Nettopreis	Preis ohne Mehrwertsteuer (exkl. MwSt.) entspricht 100 %
Bruttopreis	Preis mit Mehrwertsteuer (inkl. MwSt.)

Nettopreis (exkl. MwSt.) 100%	MwSt. m%

Bruttopreis (inkl. MwSt.) 100% + m%

Hinweis In Österreich beträgt die Mehrwertsteuer normalerweise 20 % vom Nettopreis. Es gibt allerdings auch ermäßigte Steuersätze.

Bsp Der Wert eines Sparguthabens von anfangs *K* € steigt durch Zinsen pro Jahr um *p* %.

Wert am Anfang	K €
Wert nach 1 Jahr	$K \cdot \left(1 + \frac{p}{100}\right)$ €
Wert nach 2 Jahren	$K \cdot \left(1 + \frac{p}{100}\right)^2$ €
⋮	⋮
Wert nach *n* Jahren	$K \cdot \left(1 + \frac{p}{100}\right)^n$ €

Bsp Eine langstielige Rose kostet inkl. 13 % MwSt. 2 €. Der Einkaufspreis für Großkunden beträgt ab 100 Stück 70 % vom Nettopreis.

Berechnung dieses Einkaufspreises:

Verkaufspreis: 113 % .... 2 €

Nettopreis: 100 % .... $\frac{2}{1{,}13}$ € ≈ 1,77 €

Einkaufspreis: 70 % .... 0,7 · 1,77 € ≈ 1,24 €

Lineare Gleichungssysteme in zwei Variablen

Lineares Gleichungssystem in zwei Unbekannten

I: $a \cdot x + b \cdot y = c$
II: $d \cdot x + e \cdot y = f$

Dabei sind $a, b, c, d, e, f \in \mathbb{R}$ Parameter.

Jede Lösung eines solchen Gleichungssystems besteht aus zwei reellen Zahlen x und y – einem Zahlenpaar $(x, y) \in \mathbb{R}^2$.

Umformen bzw. lösen

Lineare Gleichungssysteme können mit Äquivalenzumformungen umgeformt und gelöst werden (vgl. Seite 11). Eine Methode ist das **Gauß'sche Eliminationsverfahren**:

Prinzip des Eliminationsverfahrens:

1. Multipliziere die Gleichungen mit geeigneten Faktoren.
2. Addiere die Gleichungen, sodass eine Unbekannte wegfällt.

Bsp Gleichungssystem mit dem Eliminationsverfahren lösen

Entscheide selbst, ob du im 1. Schritt x oder y eliminierst und in welche Gleichung du im 2. Schritt einsetzt.
Gehe zum Beispiel so vor:

1. y eliminieren

$$\begin{array}{rrcl}
\text{I:} & 2x - 7y &=& 8 \quad | \cdot 8 \\
\text{II:} & 3x - 8y &=& 17 \quad | \cdot (-7) \\
\hline
\text{I':} & 16x - 56y &=& 64 \\
\text{II':} & -21x + 56y &=& -119 \quad | + \\
\hline
\text{I' + II':} & -5x &=& -55 \quad | : (-5) \\
 & x &=& 11
\end{array}$$

2. $x = 11$ in I einsetzen, y berechnen $2 \cdot 11 - 7y = 8 \Rightarrow y = 2$
   $\Rightarrow$ Lösung: $(11; 2)$

Grafische Veranschaulichung

lineare Gleichung in *x*, *y*:
Jede Lösung (x, y) ist ein Punkt auf einer Geraden.

Beispiel: $2x + 5y = 11$

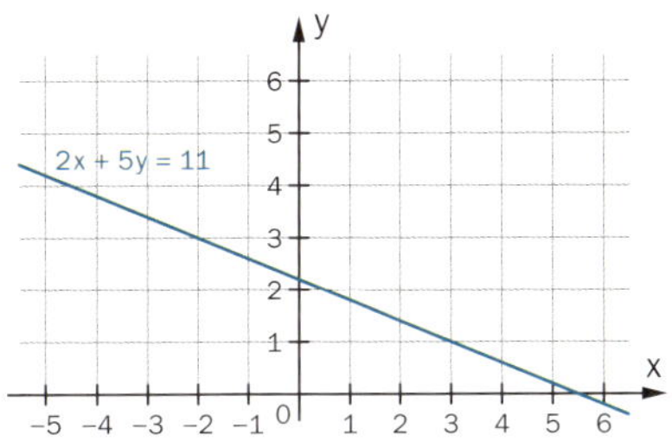

(Vgl. Seite 25.)

lineares Gleichungssystems in *x*, *y*:
Jede Lösung (x, y) ist ein Schnittpunkt der entsprechenden Geraden.

Beispiel: I: $2x + 5y = 11$
II: $-x + \quad y = 5$

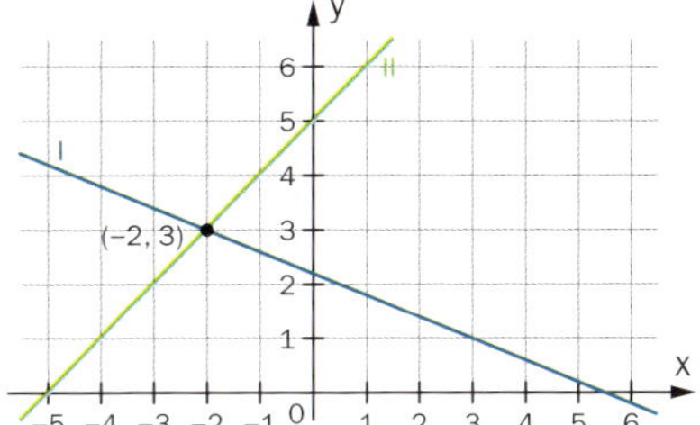

Bsp

Zwei Fahrzeuge fahren auf einer geradlinigen Straße zwischen zwei Orten A und B mit annähernd konstanter Geschwindigkeit:

- A und B sind 15 km voneinander entfernt.
- Beide Fahrzeuge fahren gleichzeitig weg.
- Fahrzeug 1 fährt von B aus Richtung A mit einer Geschwindigkeit von 24 km/h.
- Fahrzeug 2 fährt von A aus Richtung B mit einer Geschwindigkeit von 12 km/h.

Gleichungssystem für die Fahrzeit t (in min) und die Entfernung s von A (in km):

Entfernung von Fahrzeug 1 zu A:
I: $s = 15 - \frac{24}{60}t$

Entfernung von Fahrzeug 2 zu A:
II: $s = \frac{12}{60}t$

Grafische Veranschaulichung:

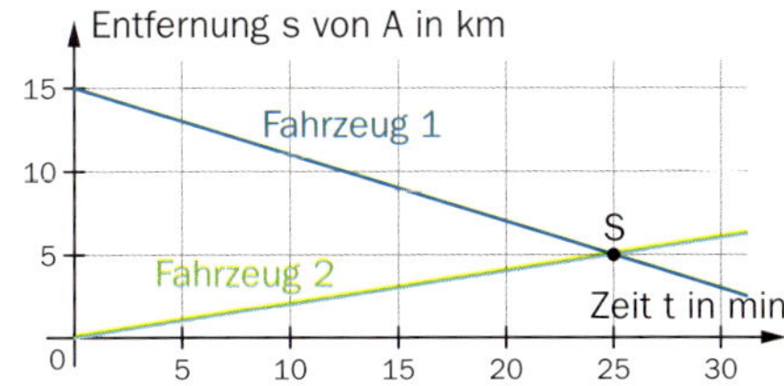

Lösung des Gleichungssystems = Koordinaten des Schnittpunktes:
$S = (25|5) \Rightarrow t = 25, s = 5$

Interpretation: Die Fahrzeuge treffen einander nach 25 min Fahrzeit 5 km von Ort A entfernt.

Lösungsfälle eines linearen Gleichungssystems in zwei Unbekannten x, y:

eine Lösung in $\mathbb{R}^2$ z.B. I: $-x + 5y = 7$ II: $3x + 8y = 9$ hat die Lösungsmenge $\mathbb{L} = \{(-\frac{11}{23}; \frac{30}{23})\}$	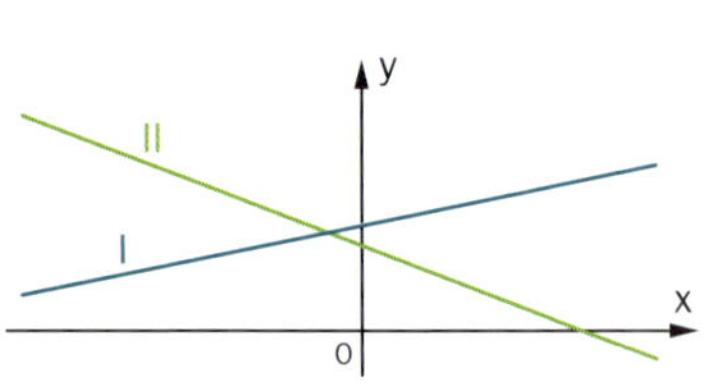
unendlich viele Lösungen in $\mathbb{R}^2$ Gleichungen sind äquivalent z.B. I: $-x + 5y = 7$ $\downarrow \cdot 2 \quad \downarrow \cdot 2 \quad \downarrow \cdot 2$ II: $-2x + 10y = 14$ hat die Lösungsmenge $\mathbb{L} = \{(x, y) \in \mathbb{R}^2 \mid -x + 5y = 7\}$	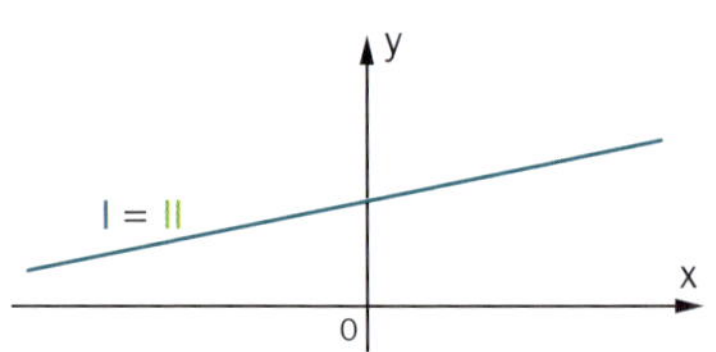
keine Lösung in $\mathbb{R}^2$ Gleichungen sind widersprüchlich z.B. I: $-x + 5y = 7$ $\downarrow \cdot 2 \quad \downarrow \cdot 2 \quad \downarrow \cdot \frac{12}{7}$ II: $-2x + 10y = 12$ hat die Lösungsmenge $\mathbb{L} = \varnothing$	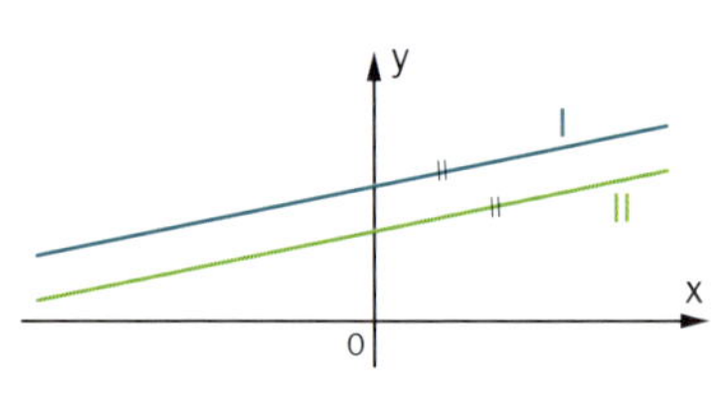

Bsp Alle Werte der Parameter $a, b \in \mathbb{R}$ angeben, für die das Gleichungssystem rechts keine Lösung hat.

I: $3x + a \cdot y = -2$
II: $-9x + 4 \cdot y = b$

Gehe schrittweise vor:

1. Die linke Seite von II muss ein Vielfaches der linken Seite von I sein.

$\Rightarrow a \cdot (-3) = 4 \Rightarrow a = -\frac{4}{3}$

I: $3x + a \cdot y = -2$
$\downarrow \cdot (-3) \quad \downarrow \cdot (-3)$
II: $-9x + 4 \cdot y = b$

2. Die rechte Seite von II darf nicht dasselbe Vielfache sein:

$\Rightarrow b \neq (-2) \cdot (-3) \Rightarrow b \neq 6$

$\Rightarrow$ keine Lösung für $a = -\frac{4}{3}$ und jeden Wert $b \neq 6$

Quadratische Gleichungen

quadratische Gleichungen $x^2 + p \cdot x + q = 0$ mit $p, q \in \mathbb{R}$
$a \cdot x^2 + b \cdot x + c = 0$ mit $a \neq 0, b, c \in \mathbb{R}$

Dabei sind a, b, c, p, q reelle Parameter, d. h. Zahlenwerte, die in konkreten Beispielen gegeben sind.

Hinweis

Alle Parameter außer a können auch den Wert Null annehmen.
Daher sind z. B. auch Gleichungen wie $a \cdot x^2 + c = 0$ und $a \cdot x^2 + b \cdot x = 0$ mit $a \neq 0$ quadratische Gleichungen.

Lösungsformeln einer quadratischen Gleichung in einer Unbekannten x

kleine Lösungsformel
für Gleichungen der Form
$x^2 + p \cdot x + q = 0$

$$x_{1,2} = -\frac{p}{2} \pm \sqrt{\left(\frac{p}{2}\right)^2 - q}$$

große Lösungsformel
für Gleichungen der Form
$a \cdot x^2 + b \cdot x + c = 0$

$$x_{1,2} = \frac{-b \pm \sqrt{b^2 - 4ac}}{2a}$$

Die **Diskriminante** D ist jeweils der Ausdruck unter der Wurzel.

$$D = \left(\frac{p}{2}\right)^2 - q \qquad\qquad D = b^2 - 4ac$$

Lösungsfälle einer quadratischen Gleichung in einer Unbekannten x

Die Anzahl der reellen Lösungen hängt vom Wert der Diskriminante D ab.

zwei Lösungen in $\mathbb{R}$	eine Lösung in $\mathbb{R}$	keine Lösung in $\mathbb{R}$
$D > 0$	$D = 0$	$D < 0$
z. B. $x^2 + 3x - 10 = 0$	z. B. $4x^2 - 12x + 9 = 0$	z. B. $2x^2 + 6x - 7 = 0$

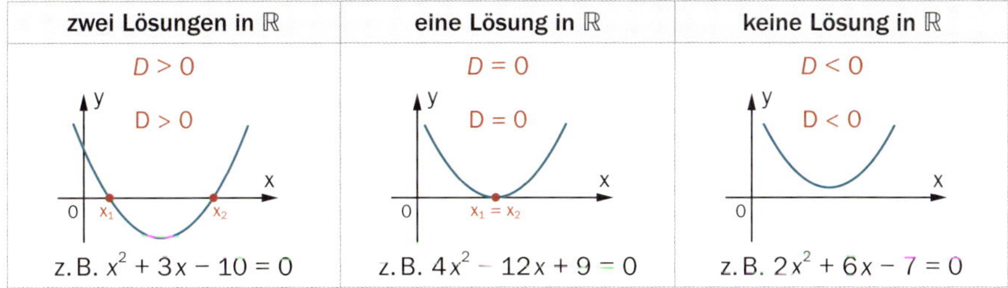

Bsp

Lösung der Gleichung $-x^2 + 6x = -5$

rechnerisch:
$x^2 - 6x + 5 = 0$
Lösungsformel anwenden:
$x_{1,2} = -\frac{-6}{2} \pm \sqrt{\left(\frac{-6}{2}\right)^2 - 5}$
$x_1 = 5 \qquad x_2 = 1$

grafisch:
Lösungen sind Nullstellen der Funktion f mit $f(x) = x^2 - 6x + 5$

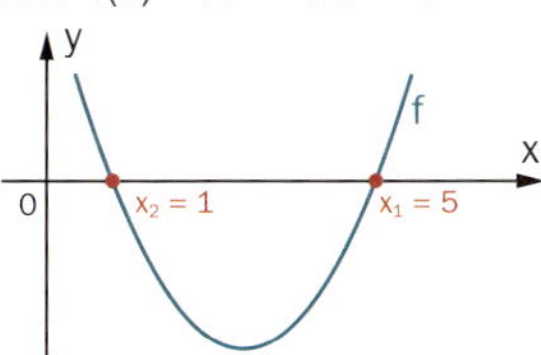

Bsp Angeben aller Werte des Paramters k, für die die Gleichung $3x^2 - 4kx = -1$ genau eine reelle Lösung hat

Verwendung der großen Lösungsformel:

$$3x^2 - 4kx = -1 \quad \Leftrightarrow \quad \underbrace{3}_{a}x^2 \underbrace{-4k}_{b}x \underbrace{+1}_{c} = 0$$

Die Diskriminante muss den Wert 0 haben:

$$b^2 - 4ac = 0 \quad \Leftrightarrow \quad 16k^2 - 12 = 0 \quad \Leftrightarrow \quad k^2 = \frac{12}{16} = \frac{3}{4}$$

$\Rightarrow$ Die Gleichung hat für $k = \pm\sqrt{\frac{3}{4}}$ genau eine reelle Lösung.

Lineare Ungleichungen

Lineare Ungleichungen enthalten nur Summanden der Form „bekannte Konstante" und „Konstante mal Unbekannte":

lineare Ungleichungen $a \cdot x < b$ mit $a \neq 0$

$a \cdot x + b \cdot y < c$ mit $a, b \neq 0$

Dabei sind $a, b, c \in \mathbb{R}$ Parameter. Anstelle des $<$-Zeichens kann auch $\leq$, $>$ oder $\geq$ stehen.

Ein **Ungleichungssystem** besteht aus mehreren Ungleichungen, die zugleich erfüllt werden müssen. Diese werden oft mit dem Zeichen $\wedge$ verbunden.

Beispiel: I: $-4 \leq x$ bzw. $-4 \leq x \wedge 3x + 1 > 9$

II: $3x + 1 > 9$

Eine **Ungleichungskette** enthält mehr als ein Ungleichheitszeichen und ist ein Spezialfall eines Ungleichungssystems.

Beispiel: $3 \leq x < 7$ ist äquivalent zum Ungleichungssystem $3 \leq x \wedge x < 7$.

Umformen bzw. lösen

Ungleichungen werden mit Äquivalenzumformungen umgeformt und gelöst. Beachte dabei: Bei Multiplikation mit und Division durch eine negative Zahl dreht sich das Relationszeichen um.

Lösungsfälle einer linearen Ungleichung in einer Unbekannten x

keine Lösung	unendlich viele Lösungen
z. B. $3x + 1 < 3x$ ist äquivalent zur falschen Aussage $1 < 0$ $\Rightarrow \mathbb{L} = \varnothing$	z. B. $6x + 2 \geq 14$ ist äquivalent zur Ungleichung $x \geq 2$ $\Rightarrow$ jede reelle Zahl ≥ 2 ist Lösung $\Rightarrow \mathbb{L} = [2; \infty)$

Grafische Veranschaulichung linearer Ungleichungen

in einer Unbekannten:
Die Lösungsmenge $\mathbb{L}$ entspricht einem Abschnitt auf der Zahlengeraden.

Beispiel: $x > 2$

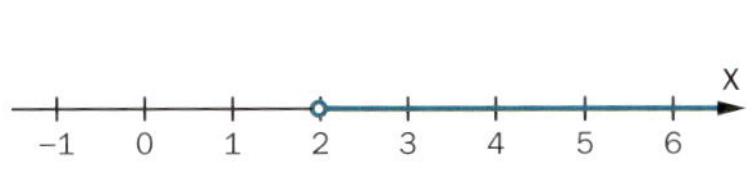

$\mathbb{L} = \{x \in \mathbb{R} \mid x > 2\} = (2; \infty)$

in zwei Unbekannten:
Die Lösungsmenge $\mathbb{L}$ entspricht einer **Halbebene**.

Beispiel: $0{,}5x + y > 2$

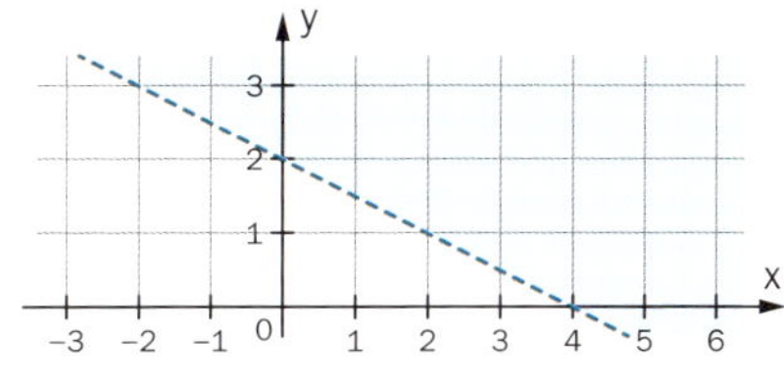

$\mathbb{L} = \{(x, y) \in \mathbb{R}^2 \mid y > -0{,}5x + 2\}$

Aufstellen und im Kontext deuten

Vgl. auch Seite 12.
Im Folgenden ist *x* eine reelle Zahl.

Alltagssprache	mathematische Formelsprache
x hat höchstens den Wert 10.	$x \leq 10$
x hat mindestens den Wert 10.	$x \geq 10$
x liegt zwischen 0 und 10.	$0 < x < 10$

Bsp Berechnen der gemeinsamen Lösungen der beiden Ungleichungen $x + 5 < 1$ und $7 - x \leq 20$:

1. Schritt: Lösungsmengen $\mathbb{L}_I$ und $\mathbb{L}_{II}$ beider Ungleichungen ermitteln

I: $x + 5 < 1 \quad | -5$
$x < -4$

$\Rightarrow \mathbb{L}_I = (-\infty; -4)$

II: $7 - x \leq 20 \quad | -7$
$-x \leq 13 \quad | \cdot (-1)$
$x \geq -13$

$\Rightarrow \mathbb{L}_{II} = [-13; \infty)$

2. Schritt: Lösungsmengen $\mathbb{L}_I$ und $\mathbb{L}_{II}$ in einer gemeinsamen Skizze grafisch darstellen. Jede Lösung *x* des Ungleichungssystems muss beide Ungleichungen erfüllen.

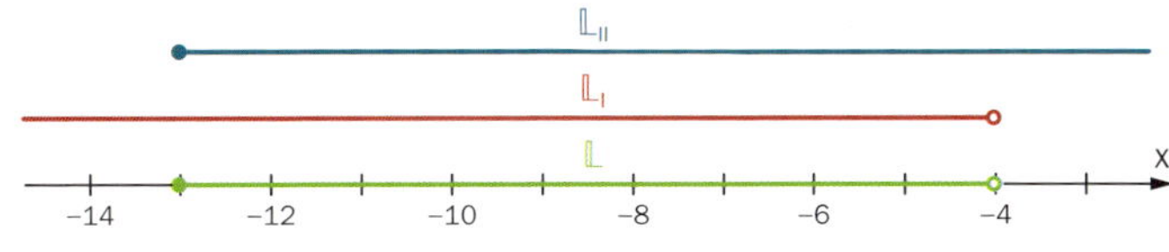

$\Rightarrow$ Lösungsmenge $\mathbb{L} = \{x \in \mathbb{R} \mid -13 \leq x < -4\} = [-13; -4)$

▶ Zum Weiterüben:
Typ-1-Aufgaben zu AG 2 findest du in Thema Mathematik 8, S. 162–168.

AG 3: Vektoren und analytische Geometrie

Vektoren als Zahlentupel, Punkte und Pfeile

Ein **Vektor** $\vec{v}$ kann in Spalten- oder Zeilenform angeschrieben werden.

Vektor in $\mathbb{R}^2$	**Vektor in $\mathbb{R}^3$**	**Vektor in $\mathbb{R}^n$**
Zahlenpaar	Zahlentripel	Zahlentupel
$\vec{v} = \begin{pmatrix} x \\ y \end{pmatrix}$	$\vec{v} = \begin{pmatrix} x \\ y \\ z \end{pmatrix}$	$\vec{v} = \begin{pmatrix} v_1 \\ v_2 \\ \vdots \\ v_n \end{pmatrix}$
$\vec{v} = (x, y)$	$\vec{v} = (x, y, z)$	$\vec{v} = (v_1, v_2, \dots, v_n)$

$x, y, z, v_1, \dots, v_n \in \mathbb{R}$ sind die **Komponenten** oder **Koordinaten** des Vektors.

Geometrische Deutung

Vektor in $\mathbb{R}^2$
Darstellung im *xy*-Koordinatensystem
Deutung in der Ebene

Vektoren in $\mathbb{R}^3$
Darstellung im *xyz*-Koordinatensystem
Deutung im Raum

Vektor als **Punkt**	legt eindeutige Position im Koordinatensystem fest
Vektor als **Pfeil**	legt Richtung und Länge eines Weges fest, nicht jedoch den Anfangspunkt des Weges

Bsp

Die Vektoren (1, 4) und (−4, 0) legen die Positionen zweier Punkte $A = (1|4)$ und $B = (4|0)$ fest.

Der Pfeil $\overrightarrow{AB} = \begin{pmatrix} 3 \\ -4 \end{pmatrix}$ beschreibt den Weg von Punkt *A* zu Punkt *B*:

3 Einheiten nach rechts, 4 Einheiten nach unten.

Der Vektor $\vec{v} = \begin{pmatrix} 3 \\ -4 \end{pmatrix}$ beschreibt *alle* Pfeile, die den Weg „3 nach rechts, 4 nach unten“ angeben.

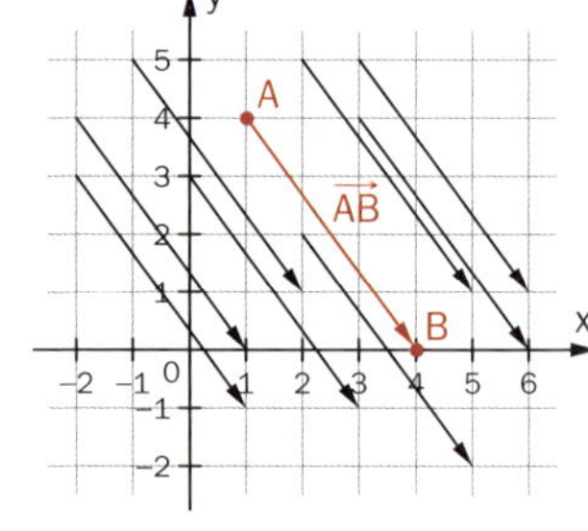

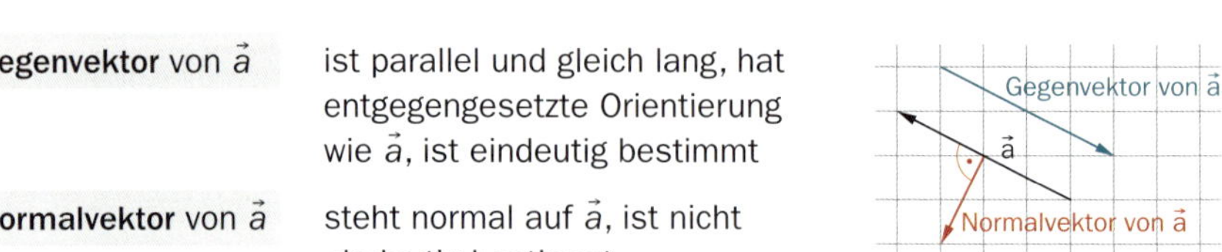

Gegenvektor von $\vec{a}$	ist parallel und gleich lang, hat entgegengesetzte Orientierung wie $\vec{a}$, ist eindeutig bestimmt
Normalvektor von $\vec{a}$	steht normal auf $\vec{a}$, ist nicht eindeutig bestimmt

In der Ebene sind $\begin{pmatrix} -y \\ x \end{pmatrix}$ und $\begin{pmatrix} y \\ -x \end{pmatrix}$ Normalvektoren von $\begin{pmatrix} x \\ y \end{pmatrix}$.

Rechenoperationen mit Vektoren

Addition, Subtraktion und Multiplikation mit einem **Skalar** (einer reellen Größe) $r \in \mathbb{R}$ erfolgen komponentenweise.

Addition und Subtraktion

$$\begin{pmatrix} a_1 \\ a_2 \\ \vdots \\ a_n \end{pmatrix} + \begin{pmatrix} b_1 \\ b_2 \\ \vdots \\ b_n \end{pmatrix} = \begin{pmatrix} a_1 + b_1 \\ a_2 + b_2 \\ \vdots \\ a_n + b_n \end{pmatrix} \qquad \begin{pmatrix} a_1 \\ a_2 \\ \vdots \\ a_n \end{pmatrix} - \begin{pmatrix} b_1 \\ b_2 \\ \vdots \\ b_n \end{pmatrix} = \begin{pmatrix} a_1 - b_1 \\ a_2 - b_2 \\ \vdots \\ a_n - b_n \end{pmatrix}$$

Multiplikation mit einem Skalar

Zahl mal Vektor = Vektor

$$r \cdot \begin{pmatrix} a_1 \\ a_2 \\ \vdots \\ a_n \end{pmatrix} = \begin{pmatrix} r \cdot a_1 \\ r \cdot a_2 \\ \vdots \\ r \cdot a_n \end{pmatrix}$$

Betrag eines Vektors

$$\left| \begin{pmatrix} a_1 \\ a_2 \\ \vdots \\ a_n \end{pmatrix} \right| = \sqrt{a_1^{\,2} + a_2^{\,2} + \ldots + a_n^{\,2}}$$

Skalare Multiplikation = Skalarmultiplikation

Vektor mal Vektor = Zahl

$$\begin{pmatrix} a_1 \\ a_2 \\ \vdots \\ a_n \end{pmatrix} \cdot \begin{pmatrix} b_1 \\ b_2 \\ \vdots \\ b_n \end{pmatrix} = a_1 \cdot b_1 + a_2 \cdot b_2 + \ldots + a_n \cdot b_n$$

Das Ergebnis ist eine reelle Zahl und heißt **skalares Produkt = Skalarprodukt.**

Bsp

Für $\vec{a} = \begin{pmatrix} 3 \\ -7 \\ 9 \end{pmatrix}$ und $\vec{b} = \begin{pmatrix} -1 \\ 4 \\ 5 \end{pmatrix}$ gilt zum Beispiel:

a) $\vec{a} + 2 \cdot \vec{b} = \begin{pmatrix} 3 \\ -7 \\ 9 \end{pmatrix} + 2 \cdot \begin{pmatrix} -1 \\ 4 \\ 5 \end{pmatrix} = \begin{pmatrix} 3 + 2 \cdot (-1) \\ -7 + 2 \cdot 4 \\ 9 + 2 \cdot 5 \end{pmatrix} = \begin{pmatrix} 1 \\ 1 \\ 19 \end{pmatrix}$

b) $|\vec{b}| = \left| \begin{pmatrix} -1 \\ 4 \\ 5 \end{pmatrix} \right| = \sqrt{(-1)^2 + 4^2 + 5^2} = \sqrt{42} \approx 6{,}48$

c) $\vec{a} \cdot \vec{b} = \begin{pmatrix} 3 \\ -7 \\ 9 \end{pmatrix} \cdot \begin{pmatrix} -1 \\ 4 \\ 5 \end{pmatrix} = 3 \cdot (-1) + (-7) \cdot 4 + 9 \cdot 5 = 14$

Geometrische Deutung in $\mathbb{R}^2$ und $\mathbb{R}^3$

Vektor $\vec{a}$ addieren → Pfeil $\vec{a}$ anhängen	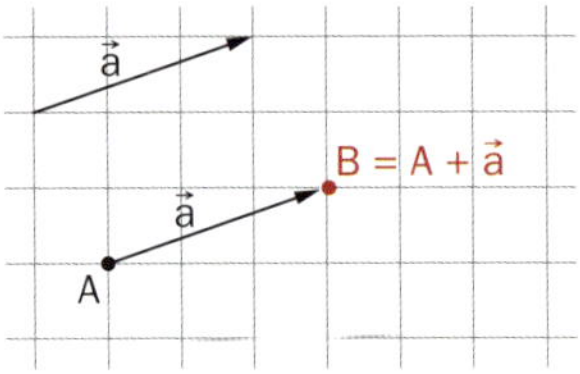
Punkt + Vektor = Punkt	Pfeil + Vektor = Pfeil
Vektor $\vec{a}$ subtrahieren → Pfeil des Gegenvektors $-\vec{a}$ anhängen	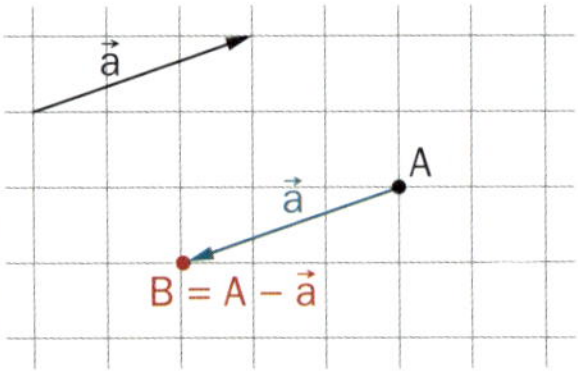
Punkt − Vektor = Punkt	Pfeil − Vektor = Pfeil
Vektor $\vec{a}$ mit einem Skalar r multiplizieren → Pfeil wird $\lvert r \rvert$-mal so lang	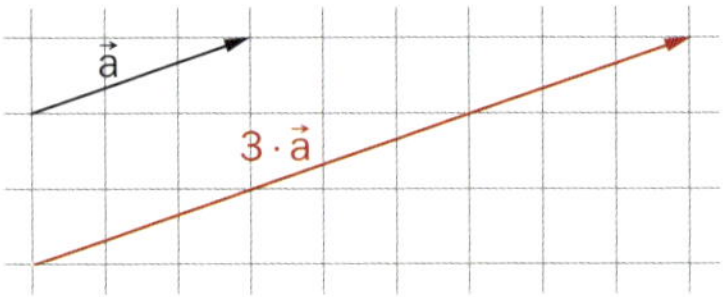
$r > 0 \Rightarrow \vec{a}$ und $r \cdot \vec{a}$ haben gleiche Orientierung	$r < 0 \Rightarrow \vec{a}$ und $r \cdot \vec{a}$ haben entgegengesetzte Orientierung

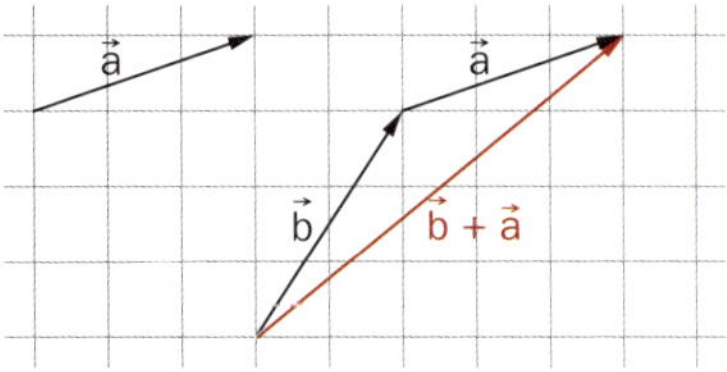

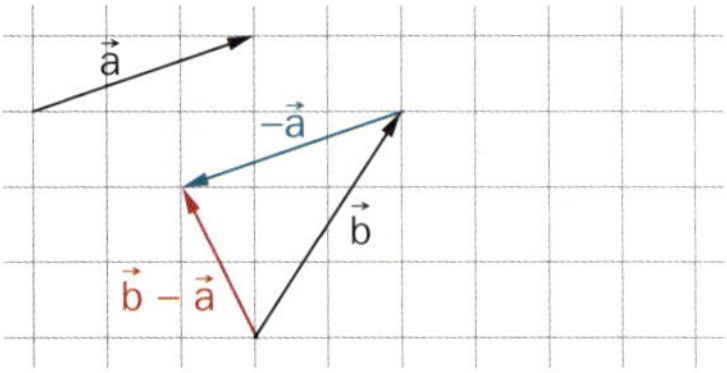

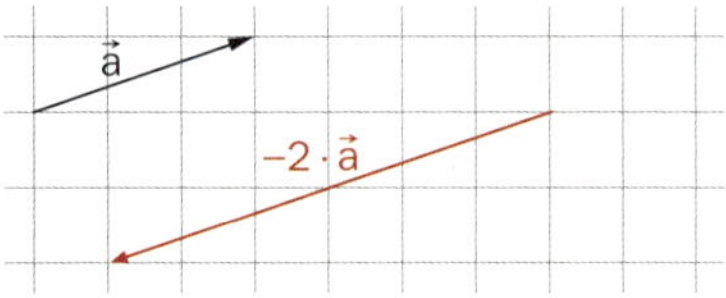

Der Betrag eines Vektors gibt seine Länge an.

Spitze-minus-Schaft-Regel

Für die Koordinaten eines Vektors $\overrightarrow{AB}$ gilt: $\overrightarrow{AB} = B - A$

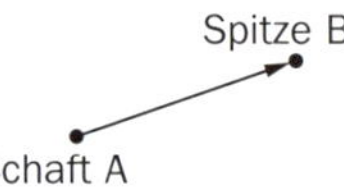

Parallelitätskriterium

Parallele Vektoren sind Vielfache voneinander.

$$\vec{a} \parallel \vec{b} \quad \Leftrightarrow \quad \vec{a} = r \cdot \vec{b} \text{ mit } r \in \mathbb{R}$$

Orthogonalitätskriterium

Das skalare Produkt aufeinander normal stehender Vektoren ist Null.

$$\vec{a} \perp \vec{b} \quad \Leftrightarrow \quad \vec{a} \cdot \vec{b} = 0$$

Geradengleichungen

Ein Punkt liegt genau dann auf einer Geraden, wenn seine Koordinaten die **Geradengleichung** erfüllen.

Parameterdarstellung der Geradengleichung

$g\colon\ X = G + t \cdot \vec{g}$

$X = (x \mid y)$ … allgemeiner Punkt auf g
G … bekannter Punkt auf g
$t \in \mathbb{R}$ … Parameter
$\vec{g}$ … **Richtungsvektor** von g

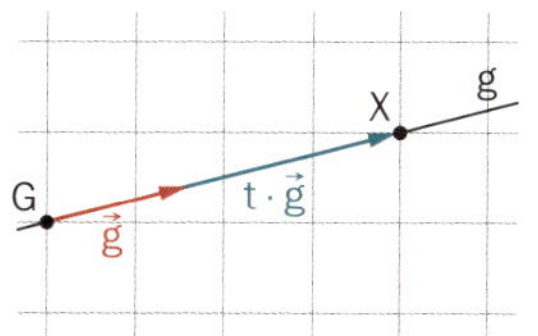

Hinweise

Die Parameterdarstellung

- gilt in der Ebene und im Raum.
- ist nicht eindeutig, da G und $\vec{g}$ jeweils unterschiedlich gewählt werden können.
- liefert für jeden Wert von t einen Punkt auf g. Jedem Punkt entspricht umgekehrt genau ein Wert des Parameters t.

Bsp

Verschiedene Gleichungen beschreiben dieselbe Gerade g.

Hinweis: Die markierten Punkte haben ganzzahlige Koordinaten.

$g\colon\ X = \begin{pmatrix} 0 \\ 4 \end{pmatrix} + s \cdot \begin{pmatrix} 2 \\ -1 \end{pmatrix}$

$g\colon\ X = \begin{pmatrix} 6 \\ 1 \end{pmatrix} + t \cdot \begin{pmatrix} -6 \\ 3 \end{pmatrix}$

$g\colon\ X = \begin{pmatrix} -6 \\ 7 \end{pmatrix} + u \cdot \begin{pmatrix} -2 \\ 1 \end{pmatrix}$

$g\colon\ X = \begin{pmatrix} 12 \\ -2 \end{pmatrix} + v \cdot \begin{pmatrix} 4 \\ -2 \end{pmatrix}$

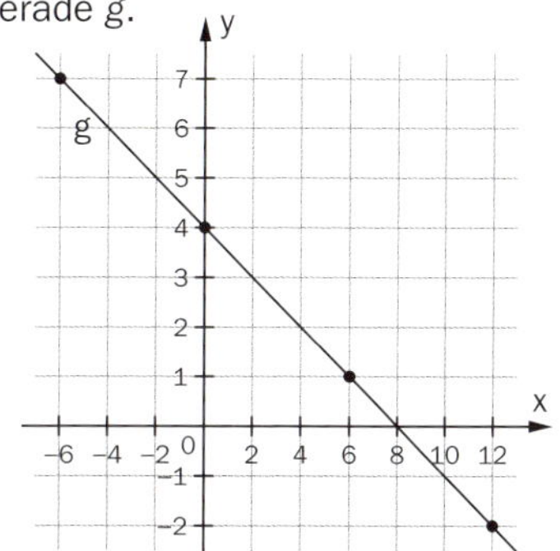

Normalvektordarstellung der Geradengleichung

$g\colon\ \vec{n} \cdot X = \vec{n} \cdot G$

$X = (x \mid y)$ … allgemeiner Punkt auf g
G … bekannter Punkt auf g
$\vec{n}$ … Normalvektor von g

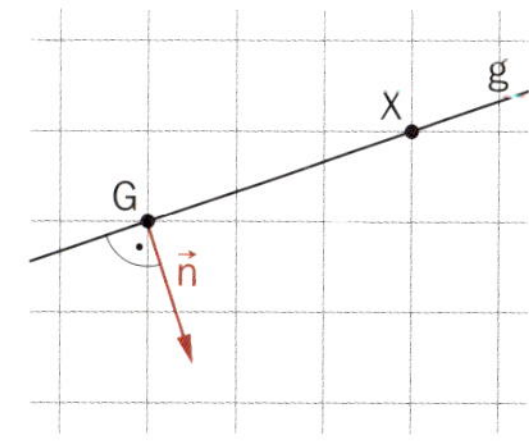

Hinweise

Die Normalvektordarstellung

- gilt nur in der Ebene.
- ist nicht eindeutig, da $\vec{n}$ unterschiedlich gewählt werden kann.
- ist eine parameterfreie Form der Geradengleichung.

Bsp Verschiedene Gleichungen beschreiben dieselbe Gerade g.
Hinweis: Die markierten Punkte haben ganzzahlige Koordinaten.

$g\colon \begin{pmatrix} -2 \\ 3 \end{pmatrix} \cdot X = 12$

$g\colon \begin{pmatrix} 4 \\ -6 \end{pmatrix} \cdot X = -24$

$g\colon \begin{pmatrix} 6 \\ -9 \end{pmatrix} \cdot X = -36$

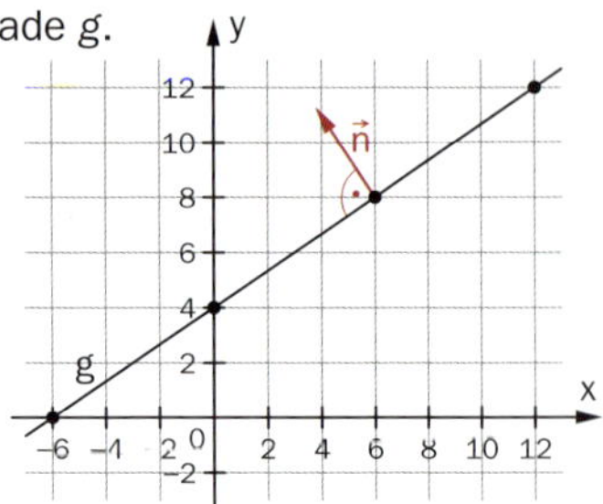

Allgemeine Geradengleichung

$g\colon a \cdot x + b \cdot y = c$ mit $a, b, c \in \mathbb{R}$

$X = (x \mid y)$ … allgemeiner Punkt auf g

$\begin{pmatrix} a \\ b \end{pmatrix}$ … ein Normalvektor von g

Hinweise

Die allgemeine Geradengleichung
- gilt nur in der Ebene.
- ist nicht eindeutig, da äquivalente Gleichungen dieselbe Gerade beschreiben.
  Z.B. $2x + 5y = 1 \quad \Leftrightarrow \quad 4x + 10y = 2$
- ist eine parameterfreie Form der Geradengleichung.

Bsp Verschiedene Gleichungen beschreiben dieselbe Gerade g.

Parameterdarstellung: $X = \begin{pmatrix} 5 \\ 1 \end{pmatrix} + t \cdot \begin{pmatrix} 2 \\ 1 \end{pmatrix}$

Normalvektordarstellung: $\begin{pmatrix} 1 \\ -2 \end{pmatrix} \cdot X = 3$

allgemeine Form: $x - 2y = 3$

lineare Funktion: $y = 0{,}5x - 1{,}5$

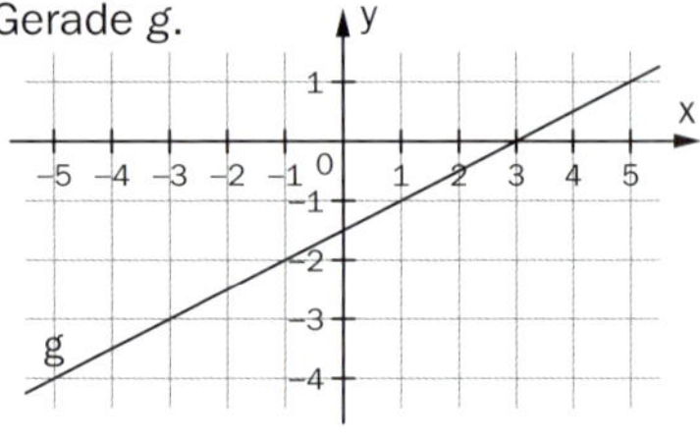

Zusammenhang der Geradengleichungen in $\mathbb{R}^2$

Parameterdarstellung

$g\colon X = G + t \cdot \vec{g}$

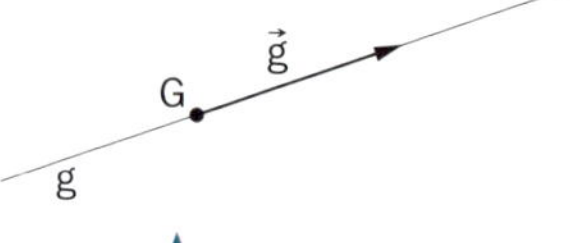

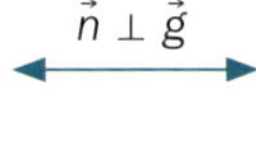

Normalvektordarstellung

$g\colon \vec{n} \cdot X = \vec{n} \cdot G$

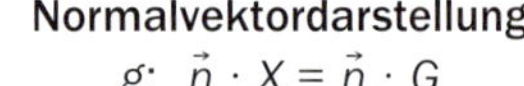

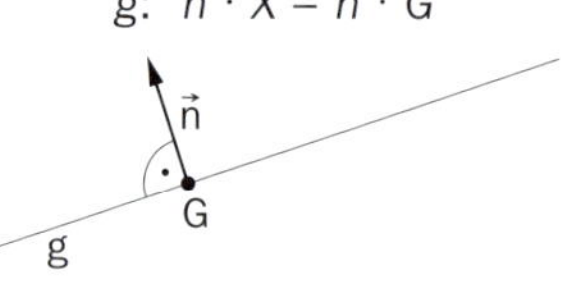

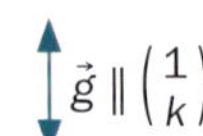

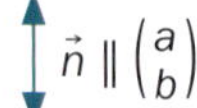

lineare Funktion

$g\colon y = kx + d$

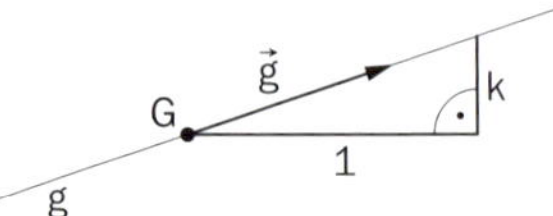

allgemeine Geradengleichung

$g\colon ax + by = c$

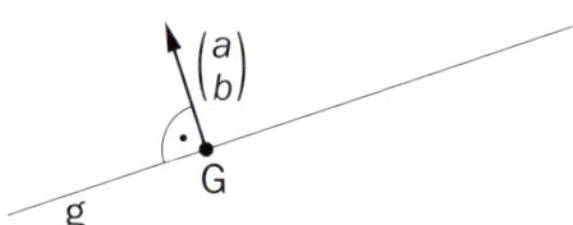

Bsp

$g\colon\ X = \begin{pmatrix}6\\0\end{pmatrix} + t\cdot\begin{pmatrix}3\\1\end{pmatrix}$ in allgemeiner Form angeben

Verwende z. B. einen der folgenden Lösungswege:

Möglichkeit 1:

1. *Normalvektordarstellung:*

$\vec{g} = \begin{pmatrix}3\\1\end{pmatrix} \Rightarrow \vec{n} = \begin{pmatrix}1\\-3\end{pmatrix}$

$G = (6|0)$ liegt auf g

$\Rightarrow g\colon\ \begin{pmatrix}1\\-3\end{pmatrix}\cdot X = \begin{pmatrix}1\\-3\end{pmatrix}\cdot\begin{pmatrix}6\\0\end{pmatrix}$

rechte Seite ausmultiplizieren

$\Rightarrow g\colon\ \begin{pmatrix}1\\-3\end{pmatrix}\cdot X = 6$

2. *allgemeine Form:*

linke Seite für $X = (x|y)$ ausmultiplizieren

$\Rightarrow g\colon\ x - 3y = 6$

Möglichkeit 2:

1. *lineare Funktion:*

$\vec{g} = \begin{pmatrix}3\\1\end{pmatrix} \parallel \begin{pmatrix}1\\\frac{1}{3}\end{pmatrix} \Rightarrow k = \frac{1}{3}$

$\Rightarrow g\colon\ y = \frac{1}{3}\cdot x + d$

$G = (6|0)$ liegt auf g

$\Rightarrow 0 = \frac{1}{3}\cdot 6 + d \Rightarrow d = -2$

$\Rightarrow g\colon\ y = \frac{1}{3}\cdot x - 2$

2. *allgemeine Form:*

Gleichung umformen

$y = \frac{1}{3}\cdot x - 2 \quad\Leftrightarrow\quad x - 3y = 6$

$\Rightarrow g\colon\ x - 3y = 6$

Zwei Geraden g und h können genau einen, keinen oder unendlich viele **Schnittpunkte** (gemeinsame Punkte) haben.

Mögliche **Lagebeziehungen von zwei Geraden g und h** in der Ebene:

schneidend: genau ein Schnittpunkt S	**parallel:** $g \parallel h$ kein Schnittpunkt	**identisch:** $g \equiv h$ unendlich viele Schnittpunkte
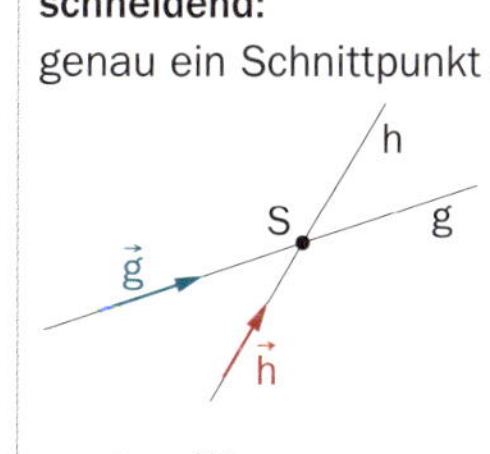	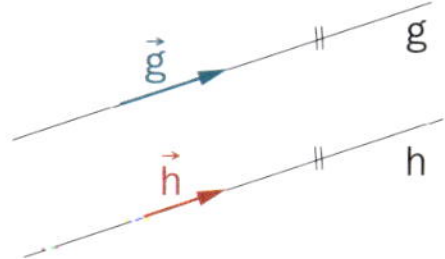	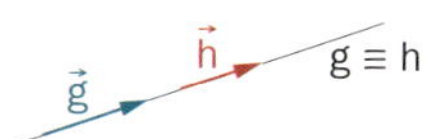
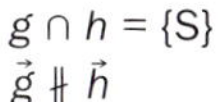$g \cap h = \{S\}$ $\vec{g} \nparallel \vec{h}$	$g \cap h = \emptyset$ $\vec{g} \parallel \vec{h}$ $G \notin h,\ H \notin g$	$g \cap h = g = h$ $\vec{g} \parallel \vec{h}$ $G \in h,\ H \in g$

Hinweise

- Identische Geraden heißen auch **idente** Geraden.
- Im Raum können Geraden auch *windschief* zueinander liegen. Diese sind nicht parallel, haben aber auch keinen Schnittpunkt.
- Manchmal verlangt man nicht, dass parallele Geraden keinen Schnittpunkt haben. Dann ist *identisch* ein Spezialfall von *parallel*.

Bsp $g\colon\ 2x + y = -2$ und $h\colon\ X = \begin{pmatrix}3\\7\end{pmatrix} + t\cdot\begin{pmatrix}6\\3\end{pmatrix}$

Gehe bei der Ermittlung der Lagebeziehung schrittweise vor:

1. Vergleich der Normal- bzw. Richtungsvektoren:

$\vec{n}_g = \begin{pmatrix}2\\1\end{pmatrix}$ ist ein Normalvektor von g, $\vec{h} = \begin{pmatrix}6\\3\end{pmatrix}$ ist ein Richtungsvektor von h

$3\cdot\vec{n}_g = \vec{h} \Rightarrow \vec{n}_g \parallel \vec{h}$ g und h schneiden einander im rechten Winkel.

2. Berechnung des Schnittpunktes S:

$S = (x|y)$ erfüllt beide Geradengleichungen.

I: $2x + y = -2$

II: $x = 3 + 6t$

III: $y = 7 + 3t$

$\Rightarrow x = -3,\ y = 4,\ t = -1$

$\Rightarrow$ Schnittpunkt $S = (-3|4)$

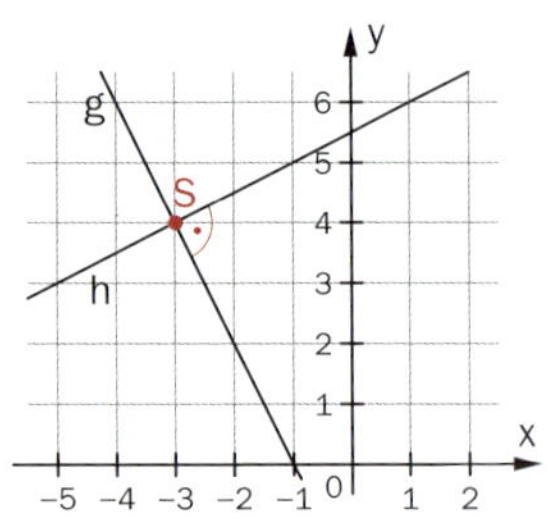

Bsp $g\colon\ X = \begin{pmatrix}-10\\1\\5\end{pmatrix} + t\cdot\begin{pmatrix}5\\-2\\3\end{pmatrix}$ und $h\colon\ X = \begin{pmatrix}0\\-3\\2\end{pmatrix} + s\cdot\begin{pmatrix}-5\\2\\-3\end{pmatrix}$

Gehe bei der Ermittlung der Lagebeziehung schrittweise vor:

1. Vergleich der Richtungsvektoren:

$\vec{g} = \begin{pmatrix}5\\-2\\3\end{pmatrix}$ und $\vec{h} = \begin{pmatrix}-5\\2\\-3\end{pmatrix}$

$\vec{g} = -1\cdot\vec{h} \Rightarrow \vec{g} \parallel \vec{h} \Rightarrow$ g und h sind parallel oder identisch

2. Überprüfen, ob $H = (0|-3|2)$ nur auf h oder auch auf g liegt:

$\begin{pmatrix}0\\-3\\2\end{pmatrix} = \begin{pmatrix}-10\\1\\5\end{pmatrix} + t\cdot\begin{pmatrix}5\\-2\\3\end{pmatrix} \qquad \begin{matrix}\Rightarrow t = 2\\ \Rightarrow t = 2\\ \Rightarrow t = -1\end{matrix}$

Es gibt keinen passenden Wert für t. $\Rightarrow H \notin g$

$\Rightarrow$ g und h sind parallel.

▶ Zum Weiterüben:
Typ-1-Aufgaben zu AG 3 findest du in Thema Mathematik 8, S. 168–174.

AG 4: Trigonometrie

Sinus, Cosinus und Tangens im rechtwinkligen Dreieck

Im rechtwinkligen Dreieck gilt für jeden Winkel $\varphi \neq 90°$:

Ankathete AK von φ	Kathete, die an φ anliegt
Gegenkathete GK von φ	Kathete gegenüber von φ
Hypotenuse H	längste Seite, liegt gegenüber vom rechten Winkel

Sinus von φ	$\sin \varphi = \frac{GK}{H}$
Cosinus von φ	$\cos \varphi = \frac{AK}{H}$
Tangens von φ	$\tan \varphi = \frac{GK}{AK}$

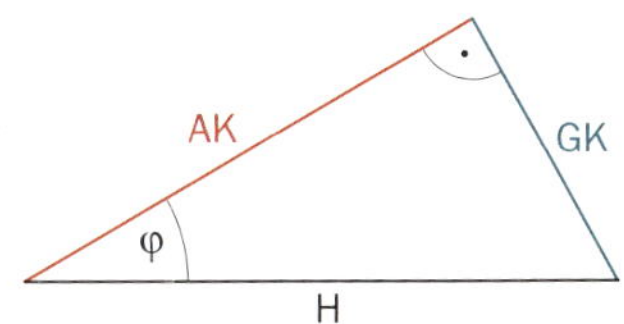

Hinweise

- Winkelsumme in jedem Dreieck = 180°
- Satz von Pythagoras im rechtwinkligen Dreieck: $\text{Kathete}^2 + \text{Kathete}^2 = \text{Hypotenuse}^2$
- Bei Taschenrechnern und Mathematikprogrammen kann man für Winkel zwischen Gradmaß (°) und Bogenmaß (rad) wählen.
- $\tan \varphi$ kann als Steigung gedeutet werden (vgl. Abschnitt FA 2, ab Seite 39).

Bsp

quadratische Pyramide mit Seitenkante $a = 4$
Winkel zwischen Seitenfläche und Grundfläche $= \alpha = 68°$

a) Höhe h berechnen:

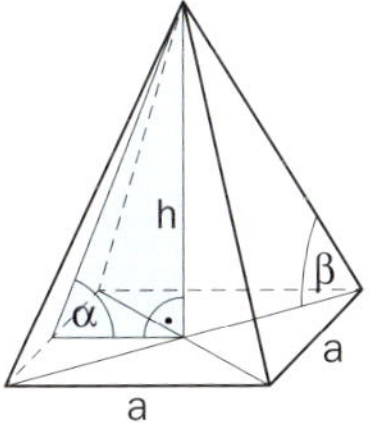

GK von $\alpha = h$

AK von $\alpha = \frac{a}{2} = 2$

$\Rightarrow \tan \alpha = \frac{\text{GK von } \alpha}{\text{AK von } \alpha} = \frac{h}{2}$

$\Rightarrow h = 2 \tan 68° \approx 4{,}95$

b) Winkel β zwischen Seitenkante und Grundfläche berechnen:

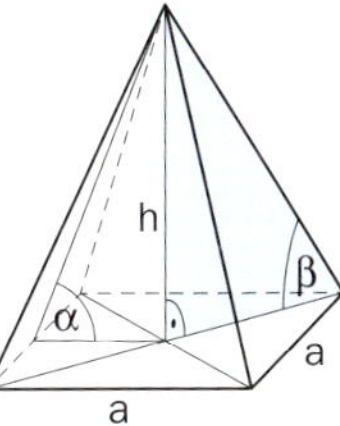

GK von $\beta = h$

AK von β = halbe Diagonale $= \frac{d}{2}$

mit $d = a\sqrt{2} \approx 5{,}66$

$\Rightarrow \tan \beta = \frac{\text{GK von } \beta}{\text{AK von } \beta} = \frac{h}{\frac{d}{2}} \approx 1{,}75$

$\Rightarrow \beta \approx 60{,}3°$

Bsp

Die Abbildung rechts enthält zwei rechtwinklige Dreiecke:

ΔDFR und ΔDAR

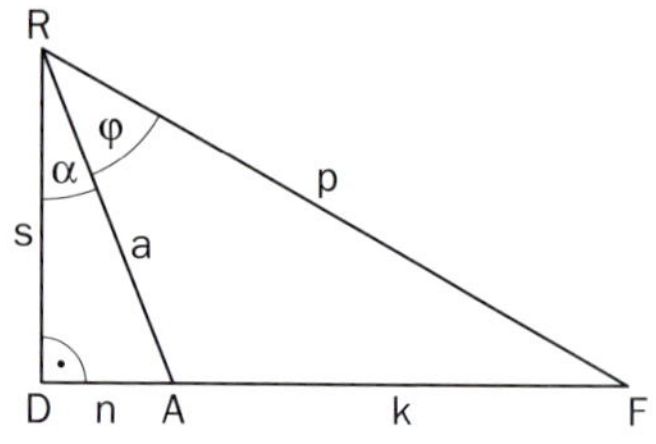

a) Formel für $\sin(\alpha + \varphi)$ angeben:

Zeichne zuerst $\alpha + \varphi$ ein und beachte:

$\sin(\alpha + \varphi) = \frac{\text{GK von } \alpha + \varphi}{\text{H}}$

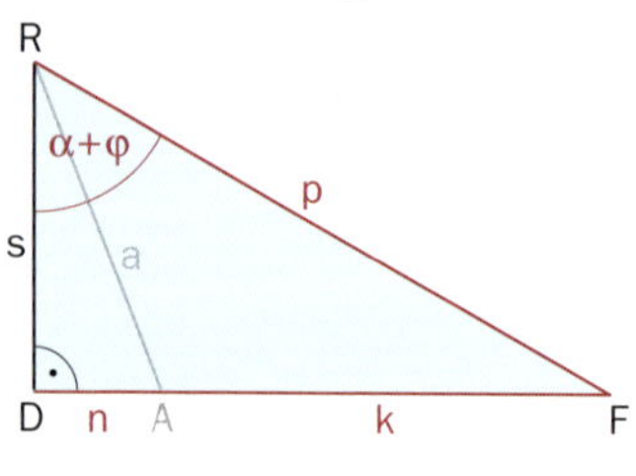

$\Rightarrow \sin(\alpha + \varphi) = \frac{\text{GK von } \alpha + \varphi}{\text{H}} = \frac{n + k}{p}$

b) δ mit $\cos \delta = \frac{n}{a}$ einzeichnen:

Markiere zuerst n und a und beachte:

$\cos \delta = \frac{\text{AK von } \delta}{\text{H}} = \frac{n}{a} \Rightarrow \delta$ liegt im Dreieck ΔDAR:

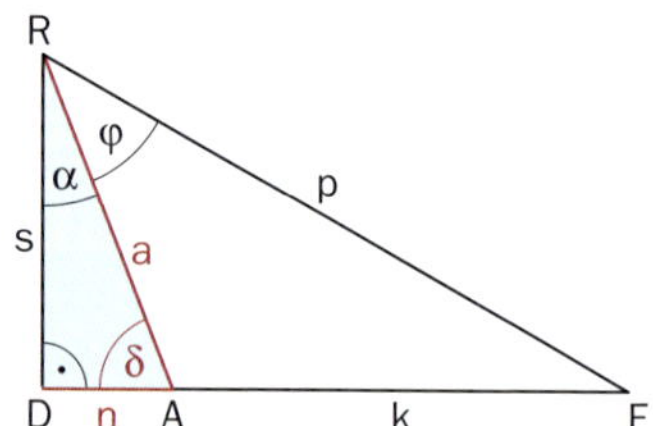

Sinus, Cosinus und Tangens im Einheitskreis

Einheitskreis Kreis mit Mittelpunkt $M = (0|0)$ und Radius $r = 1$

Jedem Winkel φ mit $0° \leq \varphi < 360°$ entspricht ein eindeutiger Punkt S am Einheitskreis. Es gilt:

Sinus von φ $\sin \varphi = y$-Koordinate von S

Cosinus von φ $\cos \varphi = x$-Koordinate von S

Tangens von φ $\tan \varphi = \frac{\sin \varphi}{\cos \varphi}$ für $\varphi \neq 90°$ und $\varphi \neq 270°$

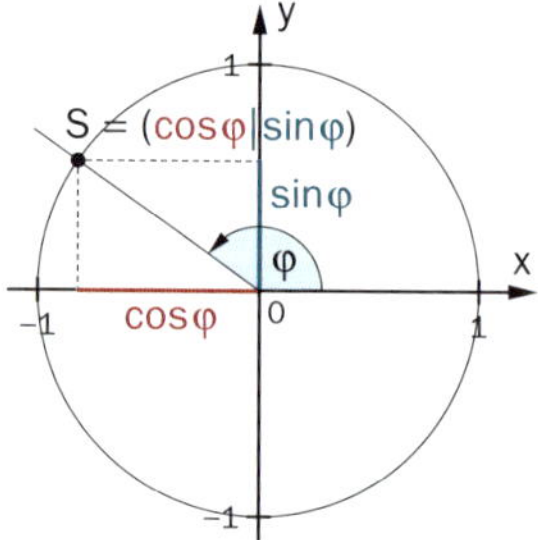

Für alle $\varphi \in [0°; 360°)$ gilt: $-1 \leq \sin \varphi \leq 1$ und $-1 \leq \cos \varphi \leq 1$

$\sin^2 \varphi + \cos^2 \varphi = 1$

besondere Werte:

	$\sin\varphi$	$\cos\varphi$	$\tan\varphi$
$\varphi = 0°$	0	1	0
$\varphi = 90°$	1	0	
$\varphi = 180°$	0	−1	0
$\varphi = 270°$	−1	0	

Vorzeichen:

		$\sin\varphi$	$\cos\varphi$	$\tan\varphi$
1. Quadrant:	$\varphi \in (0°; 90°)$	+	+	+
2. Quadrant:	$\varphi \in (90°; 180°)$	+	−	−
3. Quadrant:	$\varphi \in (180°; 270°)$	−	−	+
4. Quadrant:	$\varphi \in (270°; 360°)$	−	+	−

Jeder Sinus- und Cosinuswert $\neq \pm1$ legt zwei Winkel fest:

$\sin\varphi = \sin(180° - \varphi)$

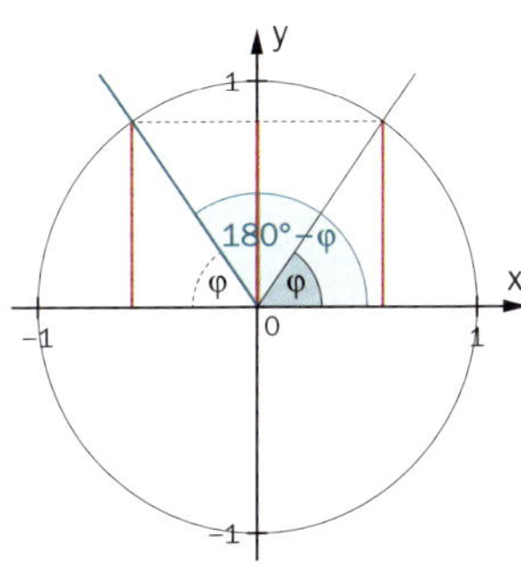

$\cos\varphi = \cos(360° - \varphi)$

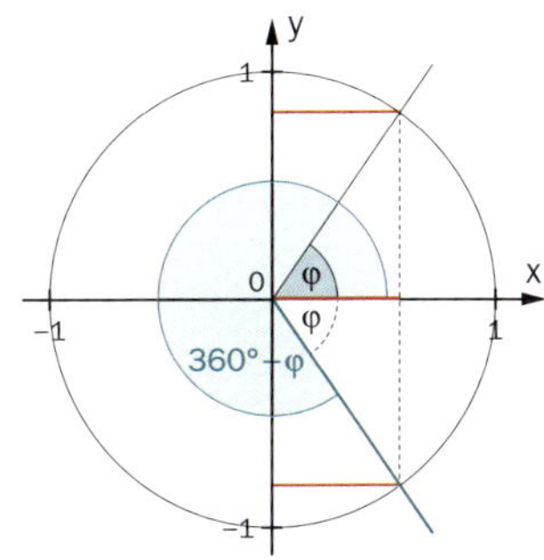

Bsp Winkel φ mit $\sin\varphi = -0{,}6$ im Einheitkreis einzeichnen

1. Wert −0,6 auf der *y*-Achse markieren

2. Punkte am Einheitskreis mit *y*-Koordinate = −0,6 einzeichnen

3. mögliche Winkel φ_1 und φ_2 von der positiven *x*-Achse aus einzeichnen

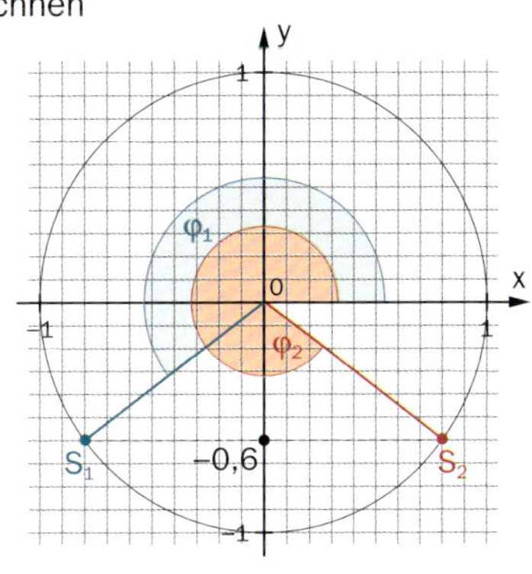

▶ Zum Weiterüben:
Typ-1-Aufgaben zu AG 4 findest du in Thema Mathematik 8, S. 175–177.

Funktionale Abhängigkeiten

FA 1: Funktionsbegriff, reelle Funktionen, Darstellungsformen und Eigenschaften

Funktionsbegriff

Funktion f	eindeutige Zuordnung: $x \mapsto y$ ordnet jedem $x \in \mathbb{D}_f$ genau ein $y \in \mathbb{W}_f$ zu
Definitionsmenge $\mathbb{D}_f$	enthält alle zulässigen x-Werte
Wertemenge $\mathbb{W}_f$	enthält alle auftretenden y-Werte
Argument, unabhängige Variable	Variable x bei einer Zuordnung $x \mapsto y$
Stelle, Argumentwert	konkreter Wert der unabhängigen Variablen x
abhängige Variable	Variable y bei einer Zuordnung $x \mapsto y$
Funktionswert	konkreter Wert der abhängigen Variablen y
reelle Funktion	Funktion mit $\mathbb{D}_f \subseteq \mathbb{R}$ und $\mathbb{W}_f \subseteq \mathbb{R}$
Funktionstyp	Art einer Funktion: z. B. lineare Funktion, Potenz-, Polynom-, Exponential-, Sinus- oder Cosinusfunktion

Hinweis

Zwischen zwei Größen, die durch eine Funktion verbunden sind, liegt eine **funktionale Abhängigkeit** bzw. ein **funktionaler Zusammenhang** vor.

Bsp

Die Zuordnung „Umfang eines Rechtecks $\mapsto$ Seitenlängen des Rechtecks" ist keine Funktion.

Begründung:

Einem bestimmten Umfang können verschiedene Seitenlängen zugeordnet werden (siehe Beispiel Tabelle). Die Zuordnung ist daher nicht eindeutig.

Umfang	Seitenlängen
10	1 und 4
10	2 und 3

Bsp

f: $x \mapsto \sqrt{x-2}$ — Ausdruck unter der Wurzel ≥ 0

$x - 2 \geq 0 \quad \Leftrightarrow \quad x \geq 2$

$\Rightarrow$ Definitionsmenge $\mathbb{D}_f = [2; \infty)$

g: $x \mapsto \frac{1}{x^2 - 4}$ — Nenner $\neq 0$

$x^2 - 4 \neq 0 \Rightarrow x \neq \pm 2$

$\Rightarrow$ Definitionsmenge $\mathbb{D}_g = \mathbb{R} \setminus \{-2; 2\}$

Darstellungsformen

Neben der verbalen Darstellung wie im 1. Beispiel auf Seite 30 gibt es noch andere **Darstellungsformen** (Möglichkeiten, eine Funktion zu beschreiben).

Darstellungsformen einer Funktion $f\colon\ [-4; 4] \to [-10; 6],\ x \mapsto y$

Termdarstellung

$f(x) = \frac{x^3}{8} - 2$

Funktionsgleichung

$y = \frac{x^3}{8} - 2$

Wertetabelle

x	−4	−2	0	2	4
$f(x)$	−10	−3	−2	−1	6

Graph (Verlauf) einer Funktion *f*

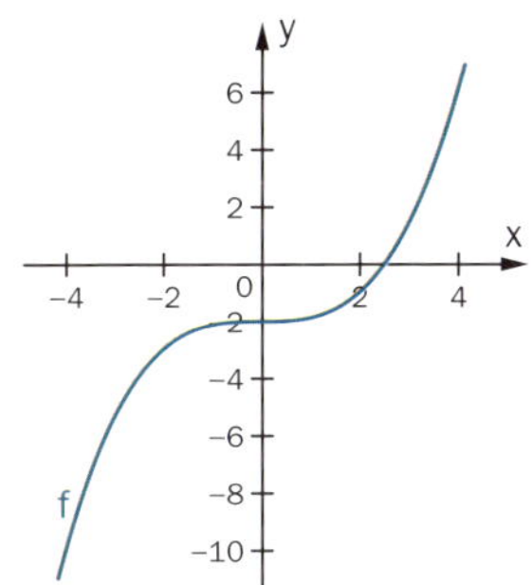

Hinweise

- Zwischen Termdarstellung und Funktionsgleichung wird oft nicht unterschieden.
- Der **Funktionsterm** ist die rechte Seite der Termdarstellung, z. B. $\frac{x^3}{8} - 2$.
- Eine Formel kann als Funktion interpretiert werden.
- In einer Wertetabelle werden **Wertepaare (*x*, *y*)** aufgelistet, die durch die reelle Funktion $f\colon\ x \mapsto y$ festgelegt werden.
- Der Graph muss keine Kurve sein, sondern kann wie in der Abbildung auch aus isolierten Punkten bestehen (z. B. wenn die Definitionsmenge = $\mathbb{Z}$ ist).

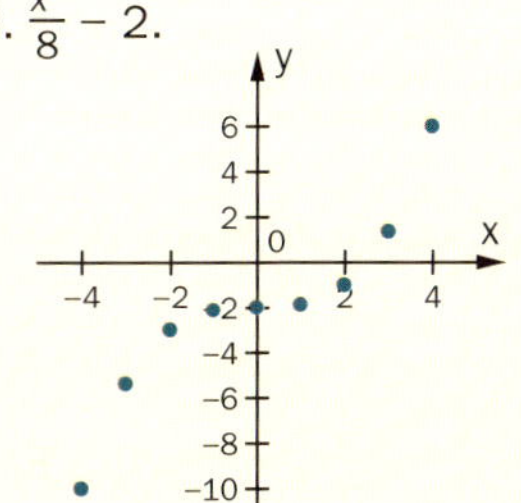

Bsp $f\colon\ [-1; \infty) \to \mathbb{R},\ f(x) = \frac{1}{2} \cdot \sqrt{x + 1}$

Gehe schrittweise vor, um den Funktionsgraphen zu zeichnen:

1. Wertetabelle erstellen, z. B.
   $f(-1) = \frac{1}{2} \cdot \sqrt{-1 + 1} = 0$
   $f(0) = \frac{1}{2} \cdot \sqrt{0 + 1} = \frac{1}{2}$ usw.

x	−1	0	3	8	15
$f(x)$	0	0,5	1	1,5	2

2. Punkte aus der Wertetabelle in ein Koordinatensystem eintragen
3. Punkte durch eine Kurve verbinden

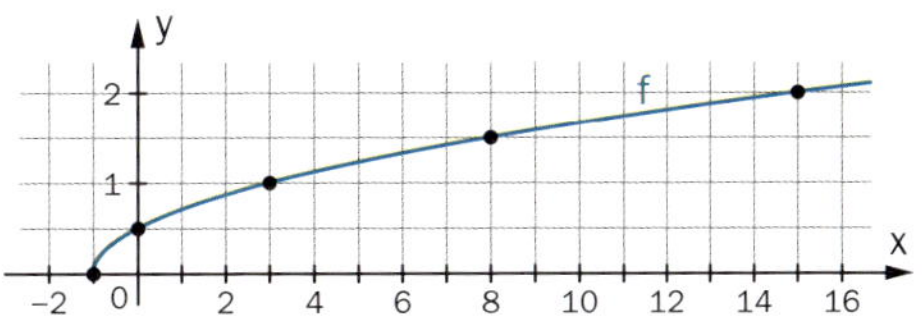

Bsp

Durchmesser-Formel[1] für die Berechnung der Kochzeit eines weichen Eis:

$t = 0{,}0016 \cdot d^2 \cdot \ln\left(\frac{100 - T_{\text{Start}}}{19}\right)$

t ... Kochzeit in Minuten
d ... Durchmesser des Eis in mm
T_{Start} ... Temperatur des Eis vor Kochbeginn

1. Die Kochzeit t hängt als quadratische Funktion vom Durchmesser d des Eis ab.
2. Zwischen der Kochzeit und der Temperatur des Eis vor Kochbeginn besteht ein logarithmischer Zusammenhang.

Eigenschaften

Eigenschaften einer Funktion f mit $y = f(x)$ sind häufig aus dem Graphen ablesbar. Ein Nachweis der entsprechenden Eigenschaft kann aber nur rechnerisch erfolgen.

Achsensymmetrie Graph symmetrisch zur y-Achse:
$f(-x) = f(x)$ für alle $x \in \mathbb{D}_f$

Symmetrie Graph symmetrisch zum Koordinatenursprung:
$f(-x) = -f(x)$ für alle $x \in \mathbb{D}_f$
oder achsensymmetrisch

Hinweis

Der Graph einer *geraden Funktion* ist symmetrisch zur y-Achse.
Der Graph einer *ungeraden Funktion* ist symmetrisch zum Koordinatenursprung.

Bsp

Einige Funktionsgraphen, die symmetrisch zur y-Achse sind:

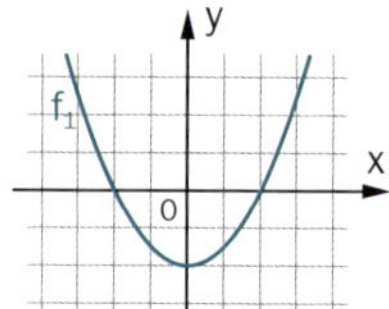

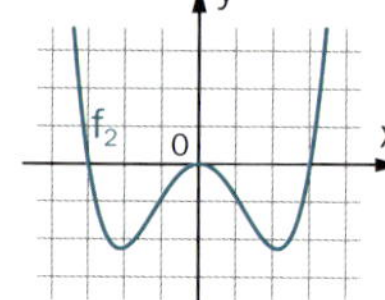

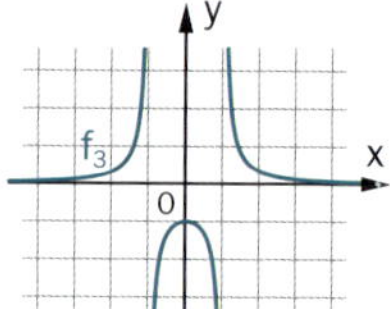

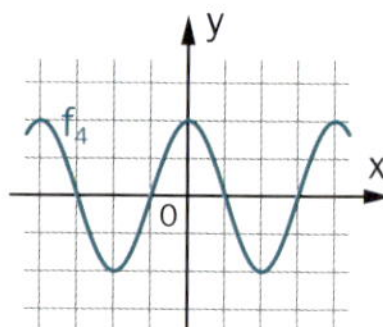

Einige Funktionsgraphen, die symmetrisch zum Koordinatenursprung sind:

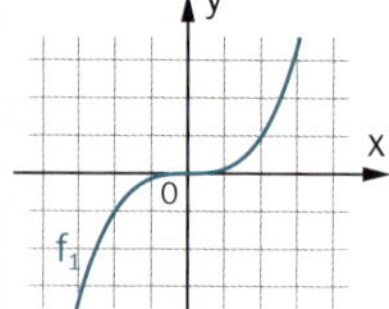

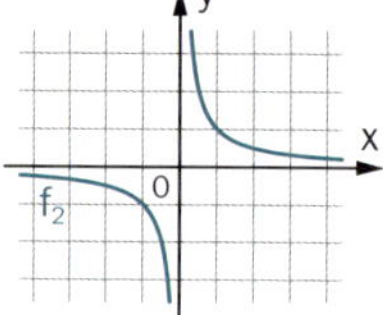

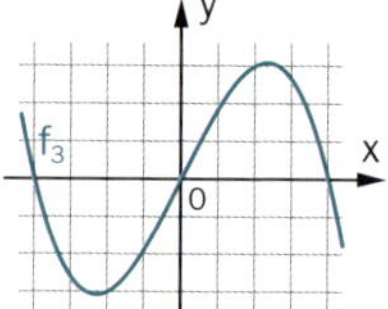

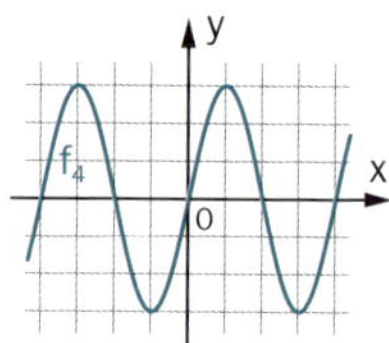

[1] Daten nach: Werner Gruber, zitiert nach: https://www.eierfans.de (Stand: 16.12.2020)

Bsp Die gegebene Kurve k ist symmetrisch zur x-Achse.

Das ist aber kein Graph einer Funktion, da die Zuordnung $x \mapsto y$ nicht eindeutig ist.
z. B. $2 \mapsto 1$ und $2 \mapsto -1$

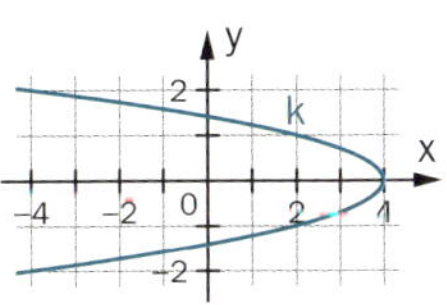

Periode, Periodizität $f\colon\ x \mapsto y$ ist **periodisch** mit Periode $p \in \mathbb{R}$, wenn gilt:
$f(x) = f(x + p)$ für alle $x \in \mathbb{D}_f$
Die Funktionswerte wiederholen sich im Abstand p.

Nullpunkt N Schnittpunkt des Funktionsgraphen mit der x-Achse
Koordinaten: $N = (x\,|\,0)$ mit $f(x) = 0$
Die 1. Koordinate x von N heißt **Nullstelle**.

Bsp Periode der durch ihren Graphen gegebenen Funktion f ablesen

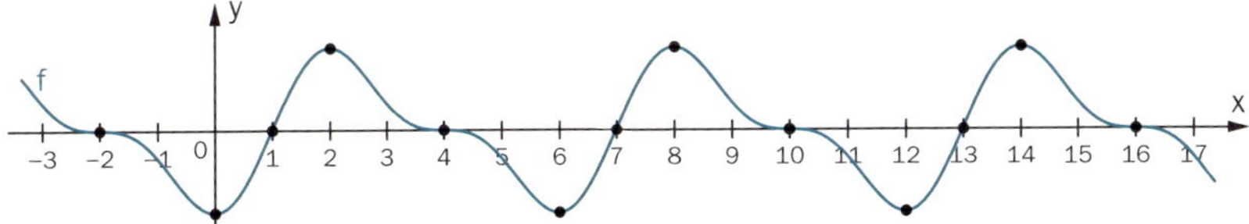

Gehe schrittweise vor:

1. Markiere ein Kurvenstück, das sich in regelmäßigen Abständen wiederholt.

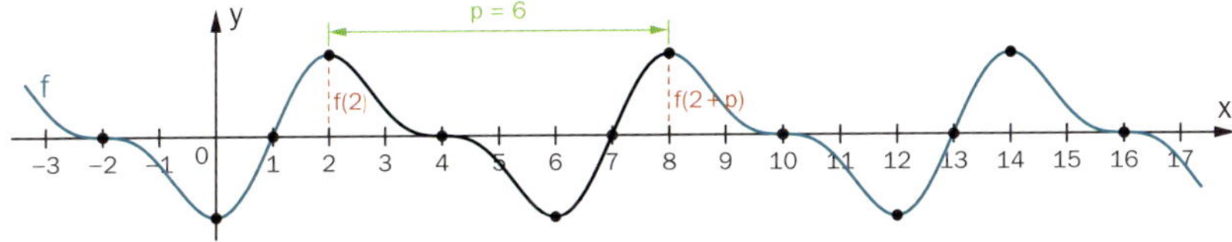

2. Die „Breite“ dieses Kurvenstücks ist die Periode: $p = 6$

Hinweis
Beachte: Die Periode entspricht *nicht* dem Abstand zwischen zwei Nullstellen.

Asymptote Gerade, der sich ein Funktionsgraph beliebig nähert

Hinweis
Das **asymptotische Verhalten** einer Funktion wird beschrieben, indem man seine Asymptoten angibt. Der Graph einer Funktion kann jede beliebige Gerade (auch die Koordinatenachsen) als Asymptoten haben. Es können auch mehrere Asymptoten auftreten.

Bsp Einige Funktionen mit Asymptoten:

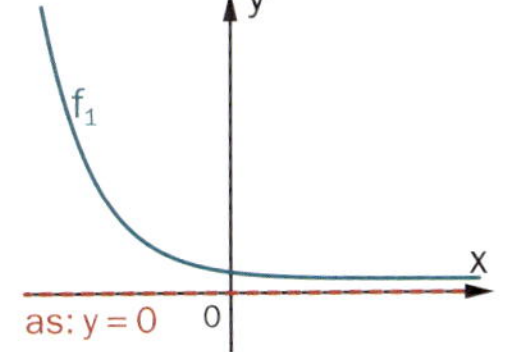

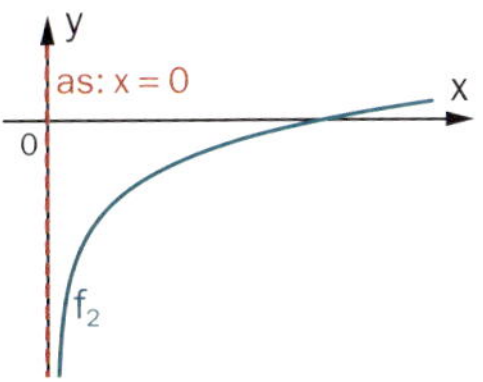

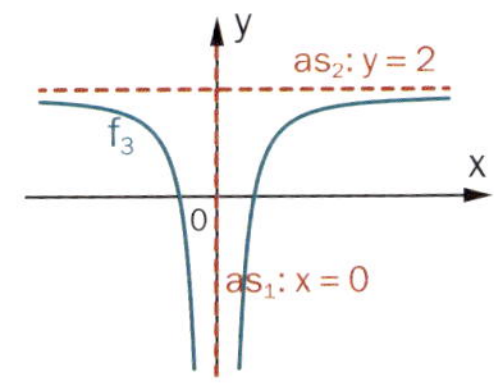

Bsp Funktion f mit $f(x) = \frac{8x^2 + 37x - 15}{8x + 32}$

Berechnung der senkrechten Asymptote und Nullpunkte:

Asymptote: Nenner = 0
$8x + 32 = 0$
as: $x = -4$

Nullstellen: $f(x) = 0$
$\frac{8x^2 + 37x - 15}{8x + 32} = 0$
Lösung z. B. mittels Technologie
$x_1 = -5,\ x_2 = \frac{3}{8}$

Nullpunkte: $N_1 = (-5\,|\,0),\ N_2 = \left(\frac{3}{8}\,\middle|\,0\right)$

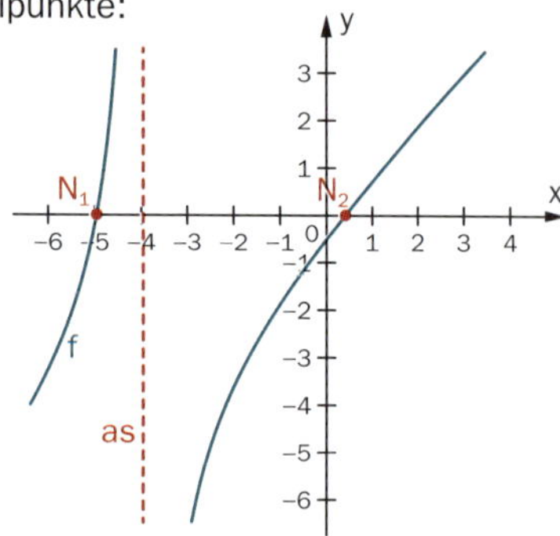

Im Folgenden sind x_1, x_2 beliebige Werte aus einem Bereich $I \subseteq \mathbb{D}_f$ mit $x_1 < x_2$, d. h. x_1 liegt im Koordinatensystem links von x_2.

monoton fallend	$f(x_1) \geq f(x_2)$ für alle $x_1 < x_2$ Der Funktionsgraph fällt oder ist waagrecht.
monoton steigend	$f(x_1) \leq f(x_2)$ für alle $x_1 < x_2$ Der Funktionsgraph steigt oder ist waagrecht.
streng monoton fallend	$f(x_1) > f(x_2)$ für alle $x_1 < x_2$ Der Funktionsgraph fällt.
streng monoton steigend	$f(x_1) < f(x_2)$ für alle $x_1 < x_2$ Der Funktionsgraph steigt.
Monotoniewechsel	Verlauf des Graphen wechselt von (streng) monoton steigend zu (streng) monoton fallend (oder umgekehrt).
lokales Extremum	größter oder kleinster Funktionswert $f(x)$ in einem Bereich $I \subset \mathbb{D}_f$ = lokaler Extremwert liegt an einer Stelle, an der sich die Monotonie ändert
globales Extremum	größter oder kleinster Funktionswert $f(x)$ in $\mathbb{D}_f$ = globaler Extremwert ist ein lokales Extremum oder liegt am Rand von $\mathbb{D}_f$
Extremwert und -stelle	(lokales oder globales) Extremum $f(x)$ und die Stelle x, an der er liegt
Maximum und -stelle	größter Funktionswert $f(x)$ (lokal oder global) und die Stelle x, an der er liegt
Minimum und -stelle	kleinster Funktionswert $f(x)$ (lokal oder global) und die Stelle x, an der er liegt

Hochpunkt	Punkt $(x \mid f(x))$ auf dem Funktionsgraphen an einer lokalen Maximumstelle
Tiefpunkt	Punkt $(x \mid f(x))$ auf dem Funktionsgraphen an einer lokalen Minimumstelle

Hinweise

- Statt (*streng*) *monoton steigend* sagt man auch **(streng) monoton wachsend**.
- Zur Beschreibung der **Monotonie** bzw. des **Monotonieverlaufs** gibt man jeweils alle Intervalle an, in denen die Funktion (streng) monoton steigt bzw. fällt.
- Vgl. Kapitel 3. Analysis zum Zusammenhang der Monotonie mit der 1. Ableitung einer Funktion und zur Berechnung lokaler Extremstellen mithilfe der Differentialrechnung.

Bsp Eine Funktion $f\colon\ [-7; 9] \to [-2; 4],\ y = f(x)$ ist durch ihren Graphen gegeben.

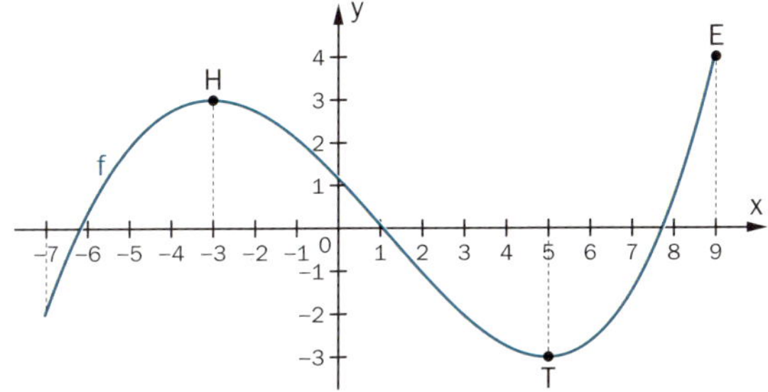

Monotonieverhalten:	streng monoton steigend	für $-7 < x < -3$
	streng monoton fallend	für $-3 < x < 5$
	streng monoton steigend	für $5 < x < 9$

lokale Maximumstelle: $x = -3$
lokale Minimumstelle: $x = 5$

Hochpunkt: $H = (-3 \mid 3)$
Tiefpunkt: $T = (5 \mid -3)$

Das *globale Maximum* liegt am Rand: $f(9) = 4$
Das *globale Minimum* ist das lokale Minimum: $f(5) = -3$

positive Krümmung, Linkskrümmung	Steigung $f'(x)$ nimmt zu Graph macht eine Linkskurve
negative Krümmung, Rechtskrümmung	Steigung $f'(x)$ nimmt ab Graph macht eine Rechtskurve
Wendepunkt und -stelle	Punkt $(x\mid f(x))$ am Graphen von f, in dem sich das Krümmungsverhalten verändert (Links- in Rechtskurve oder umgekehrt) $f''(x) = 0, \quad f'''(x) \neq 0$
Sattel- oder Terrassenpunkt	Wendepunkt $(x\mid f(x))$, in dem die Tangente an f waagrecht verläuft $f'(x) = f''(x) = 0, \quad f'''(x) \neq 0$

Hinweise

- Eine **Wendetangente** ist eine Tangente an den Graphen von f im Wendepunkt.
- Zur Beschreibung der **Krümmung** bzw. des **Krümmungsverlaufs** gibt man jeweils alle Intervalle an, in denen der Funktionsgraph positiv (links) bzw. negativ (rechts) gekrümmt ist.
- Vgl. Kapitel 3. Analysis zum Zusammenhang der Krümmung mit der 2. Ableitung einer Funktion und zur Berechnung von Wendestellen mithilfe der Differentialrechnung.

Bsp Eine Funktion $f\colon [-5; 9] \to \mathbb{R}, y = f(x)$ ist durch ihren Graphen gegeben.

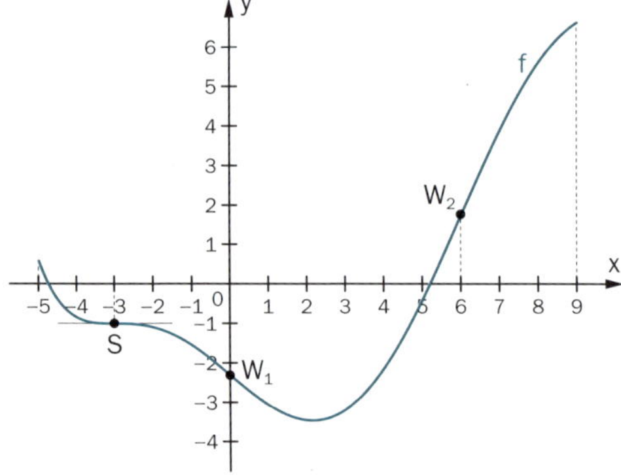

Krümmungsverhalten:	positiv gekrümmt	für $-5 < x < -3$
	negativ gekrümmt	für $-3 < x < 0$
	positiv gekrümmt	für $0 < x < 6$
	negativ gekrümmt	für $6 < x < 9$
Wendestellen:	$x_1 = -3, \; x_2 = 0, \; x_3 = 6$	
Wendepunkte:	$S = (-3\mid-1), \; W_1 = (0\mid-2{,}3), \; W_2 = (6\mid1{,}8)$	
Sattelpunkt:	$S = (-3\mid-1)$	

Reelle Funktionen im Kontext

Ein **(mathematisches) Modell** versucht, den Zusammenhang zwischen mehreren Größen mit einer Funktion zu beschreiben.

Ein **lineares Modell** verwendet dazu eine lineare Funktion (vgl. Seite 39), ein **exponentielles Modell** eine Exponentialfunktion (vgl. Seite 49).

Hinweise

Arbeiten mit Funktionen im Kontext:

- Achte auf genaue Beschriftung der Koordinatenachsen (inkl. Einheiten) und eine sinnvolle Skalierung.
- Gib beim Interpretieren von Zahlenwerten immer auch passende Einheiten an.

Bsp

Das Volumen V eines Zylinders hängt von seinem Radius r und seiner Höhe h ab:
$V = r^2 \pi h$ (Längen in cm)

Diese Formel legt eine Funktion V in mehreren Variablen fest:
$(r, h) \mapsto V(r, h)$

z. B. Volumen eines Zylinders mit Radius $r = 3$ cm und Höhe $h = 10$ cm:
$V(3, 10) = 3^2 \cdot \pi \cdot 10 = 90\pi \Rightarrow V \approx 283 \text{ cm}^3$

Änderungsmaße einer Funktion f auf einem Intervall $[x_1; x_2]$

absolute Änderung	gibt an, um wie viel sich der Funktionswert im Intervall $[x_1; x_2]$ verändert. $\Delta y = y_2 - y_1 = f(x_2) - f(x_1)$
relative Änderung	gibt an, wie stark sich der Funktionswert im Intervall $[x_1, x_2]$ relativ zum Anfangswert $y_1 = f(x_1)$ verändert; wird oft in Prozent angegeben $\frac{\Delta y}{y_1} = \frac{y_2 - y_1}{y_1} = \frac{f(x_2) - f(x_1)}{f(x_1)}$
mittlere Änderungsrate, Differenzenquotient	gibt an, wie stark sich der Funktionswert im Intervall $[x_1, x_2]$ durchschnittlich verändert, wenn das Argument x um 1 größer wird. $\frac{\Delta y}{\Delta x} = \frac{y_2 - y_1}{x_2 - x_1} = \frac{f(x_2) - f(x_1)}{x_2 - x_1}$

Hinweise

- In der Abbildung sind die vorher verwendeten Variablen dargestellt.
- Der Differenzenquotient ist die Steigung k einer Geraden, die durch die Punkte $(x_1 \mid f(x_1))$ und $(x_2 \mid f(x_2))$ verläuft.
- Beachte: Der **Änderungsfaktor** $\frac{y_2}{y_1} = \frac{f(x_2)}{f(x_1)}$ unterscheidet sich von der relativen Änderung. Beide Werte können aber in Prozent angegeben werden.

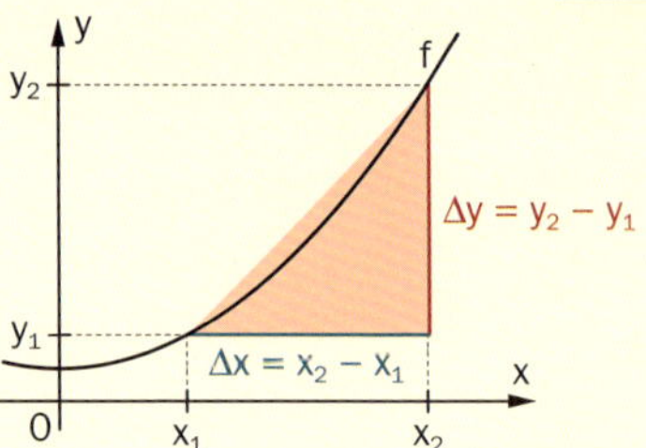

Bsp

Erlös- und Kostenfunktion eines Unternehmens sind grafisch gegeben.

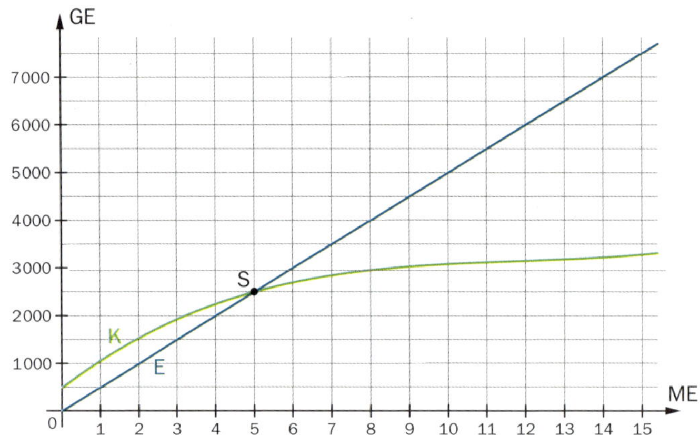

Differenzenquotient von K im Intervall [0; 5]:

$$\frac{\Delta K}{\Delta x} = \frac{K(5) - K(0)}{5 - 0} = \frac{2000}{5} = 400$$

⇒ Bei einer Produktion von 5 ME fallen durchschnittlich Kosten in der Höhe von 400 GE pro ME an.

Interpretation des Schnittpunktes:

$S = (5 \mid 2500)$

Bei 5 ME betragen Kosten und Erlös jeweils 2500 GE.
⇒ Bei mehr als 5 ME macht das Unternehmen Gewinn.

▶ Zum Weiterüben:
Typ-1-Aufgaben zu FA 1 findest du in Thema Mathematik 8, S. 179–186.

FA 2: Lineare Funktion $f(x) = k \cdot x + d$

Lineare Funktion

$f(x) = k \cdot x + d$
mit Parametern $k, d \in \mathbb{R}$

k … **Steigung** von f
$d = f(0)$ … *Ordinatenabschnitt*

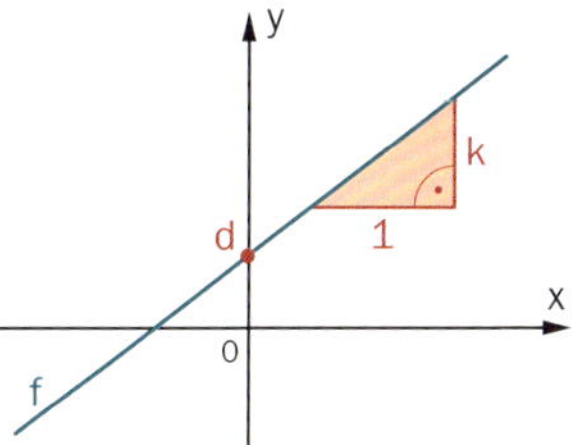

Hinweis

Zusammenhang Steigung – Monotonie:

$k > 0$

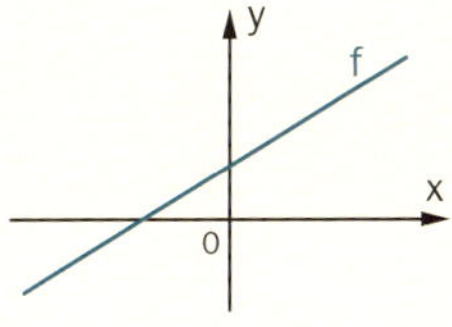

streng monoton steigend

$k < 0$

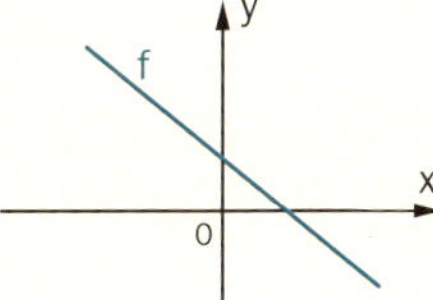

streng monoton fallend

$k = 0$

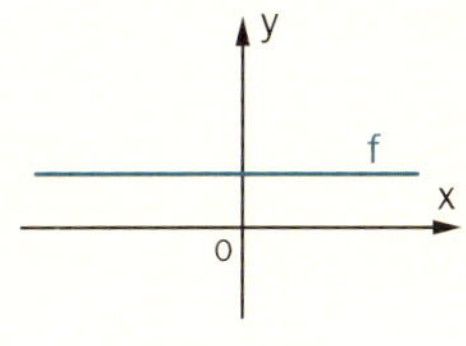

konstant

Eigenschaften und Deutung der Parameter:

$f(x + 1) = f(x) + k$

Wenn x um 1 größer wird, verändert sich der Funktionswert um den Wert k.

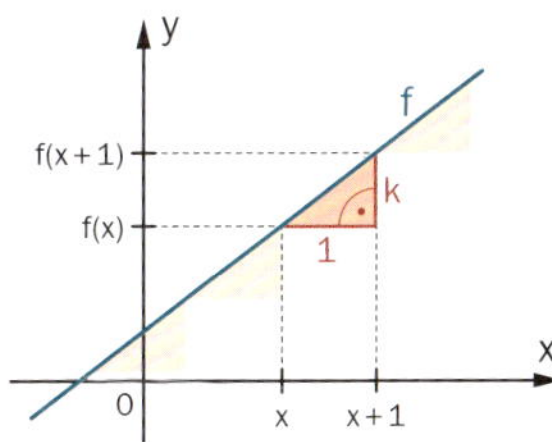

$$\frac{f(x_2) - f(x_1)}{x_2 - x_1} = k = f'(x)$$

Die mittlere Änderungsrate (Differenzenquotient) ist in jedem Intervall $[x_1, x_2]$ gleich groß.

Dieser Wert gibt die Steigung $k = f'(x)$ an.

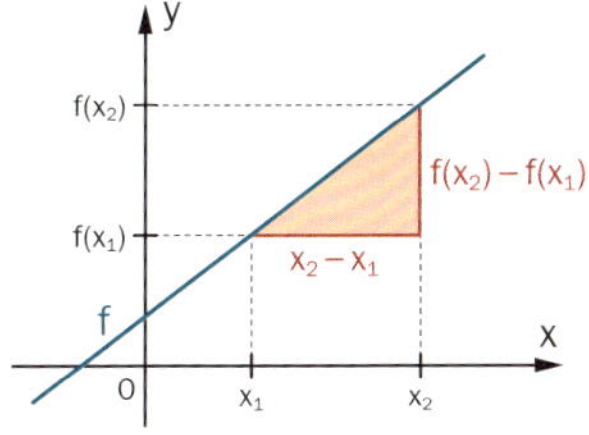

Hinweise

- $\mathbb{D}_f = \mathbb{W}_f = \mathbb{R}$
- genau eine Nullstelle für $k \neq 0$; keine oder unendlich viele Nullstellen für $k = 0$ (abhängig von d)
- genau ein Schnittpunkt mit der y-Achse
- kein Monotoniewechsel, daher keine lokalen Extremstellen
- keine Wendestellen (vgl. Kapitel 3. Analysis)
- In gleich breiten Intervallen ändert sich der Funktionswert jeweils um denselben Wert.

In verschiedenen Kontexten gilt:

- k ist eine mittlere (durchschnittliche) Änderungsrate.
- $d = f(0)$ ist ein Anfangs- bzw. Ausgangswert.

Bsp Überprüfen, ob die Wertetabelle eine lineare Funktion f beschreiben kann; gegebenenfalls Funktionsgleichung angeben und Graph zeichnen

x	f(x)
−3	7
3	−3
6	−8

1. *Überprüfung mithilfe der Differenzenquotienten:*

Wähle die Intervalle so, dass jeder x-Wert mindestens einmal als Intervallgrenze vorkommt, z. B. so:

Intervall	Differenzenquotient
[−3; 3]	$\frac{f(3) - f(-3)}{3 - (-3)} = \frac{-3 - 7}{6} = -\frac{5}{3}$
[3; 6]	$\frac{f(6) - f(3)}{6 - (3)} = \frac{-8 - (-3)}{6 - 3} = -\frac{5}{3}$

Die Differenzenquotienten sind gleich. $\Rightarrow$ f ist eine lineare Funktion

2. *Funktionsgleichung ermitteln:*

Differenzenquotient $= k = -\frac{5}{3}$

Ein Wertepaar und k in $y = k \cdot x + d$ einsetzen, z. B. $(6 \mid -8)$

$\Rightarrow -8 = -\frac{5}{3} \cdot 6 + d \Rightarrow d = 2$

$\Rightarrow f(x) = -\frac{5}{3} \cdot x + 2$

3. *Funktionsgraph zeichnen:*

Zuerst $d = 2$ markieren, dann Steigungsdreieck mit Katheten 3 und $3 \cdot k = -5$ einzeichnen.

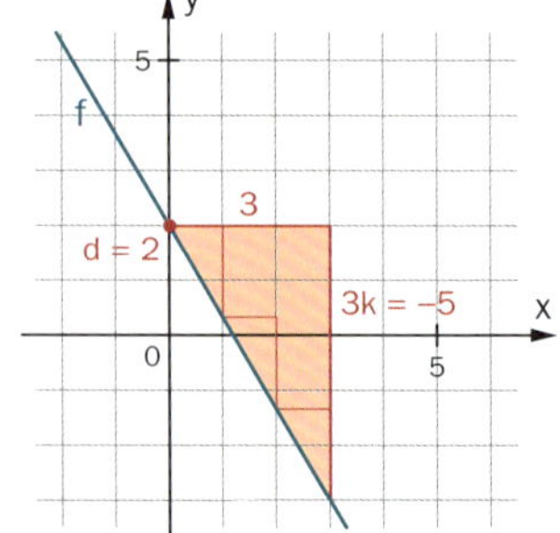

Bsp Produktion von x ME eines Gutes kostet ein Unternehmen $K(x)$ GE, dabei gilt:
$K(x) = 3{,}25x + 2000$

Interpretation der Parameter:

$d = 2000$ Fixkosten betragen 2000 GE,
d. h. auch wenn nichts produziert wird, fallen 2000 GE an Kosten an

$k = 3{,}25$ Stückkosten betragen 3,25 GE,
d. h. jede zusätzlich produzierte ME kostet 3,25 GE

Hinweise

- Direkte Proportionalität lässt sich somit als lineare Funktion der Form $f(x) = k \cdot x$ beschreiben. Ihr Graph ist eine Gerade durch den Koordinatenursprung.
- Die Steigung k ist ein **Proportionalitätsfaktor**.

direkt proportionale Größen x und y

x wird verdoppelt ⇒ y wird verdoppelt
x wird verdreifacht ⇒ y wird verdreifacht
x wird halbiert ⇒ y wird halbiert, usw.

allgemein: $y = k \cdot x$

Bsp Weg-Zeit-Diagramm eines Fahrzeugs ist grafisch gegeben:

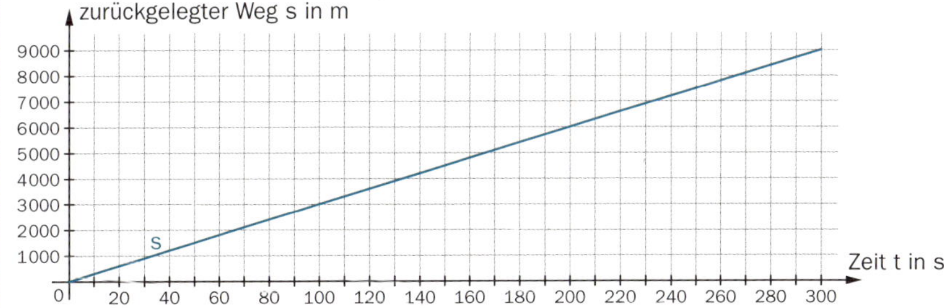

Der Graph ist eine Gerade, die durch den Koordinatenursprung verläuft.
⇒ Der zurückgelegte Weg ist direkt proportional zur Fahrzeit.

Berechnung der Steigung: $k = \frac{9000}{300} = 30$

Interpretation: $k = 30$ ist die mittlere Änderungsrate des zurückgelegten Weges in Metern pro Sekunde

⇒ Das Fahrzeug fährt mit einer Geschwindigkeit von 30 m/s = 108 km/h

▶ Zum Weiterüben:
Typ-1-Aufgaben zu FA 2 findest du in Thema Mathematik 8, S. 187–190.

FA 3: Potenzfunktion $f(x) = a \cdot x^z$ mit $z \in \mathbb{Z}$ oder $f(x) = a \cdot x^{\frac{1}{2}} + b$

Mögliche Verläufe von $f(x) = x^z$ mit $z \in \mathbb{Z}$:

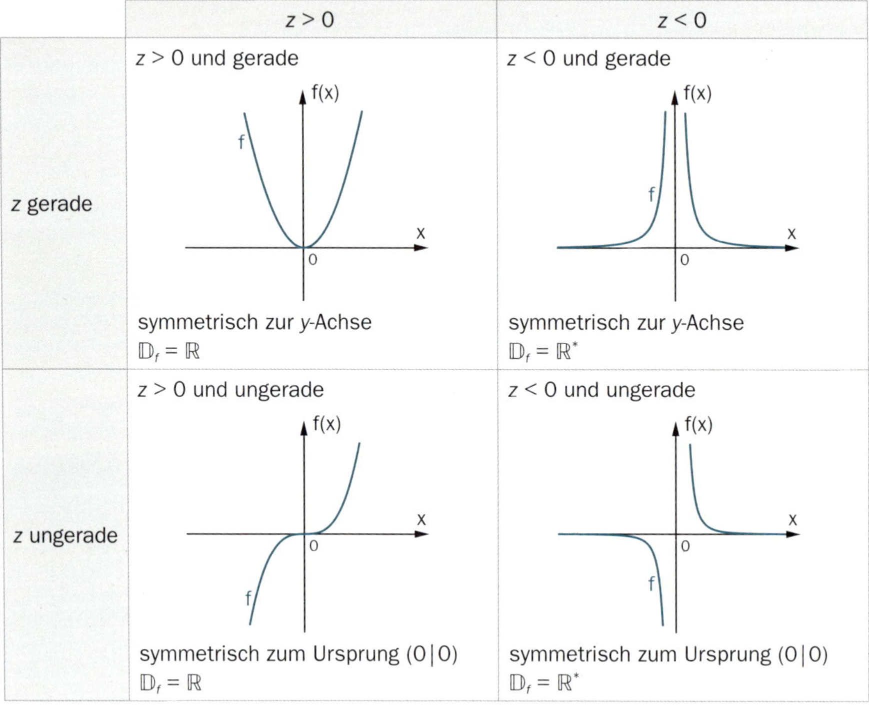

	$z > 0$	$z < 0$
z gerade	$z > 0$ und gerade symmetrisch zur y-Achse $\mathbb{D}_f = \mathbb{R}$	$z < 0$ und gerade symmetrisch zur y-Achse $\mathbb{D}_f = \mathbb{R}^*$
z ungerade	$z > 0$ und ungerade symmetrisch zum Ursprung $(0 \mid 0)$ $\mathbb{D}_f = \mathbb{R}$	$z < 0$ und ungerade symmetrisch zum Ursprung $(0 \mid 0)$ $\mathbb{D}_f = \mathbb{R}^*$

Potenzfunktion $f(x) = a \cdot x^z$ mit $a \in \mathbb{R}, z \in \mathbb{Z}$
oder $f(x) = a \cdot x^z + b$ mit $a, b \in \mathbb{R}, z \in \mathbb{Z}$

Hinweise

- Für gerade Exponenten z ist der Graph symmetrisch zur y-Achse. Für ungerade Exponenten z ist er symmetrisch zum Koordinatenursprung $(0 \mid 0)$.
- Für positiven Exponenten z ist $\mathbb{D}_f = \mathbb{R}$, für negative Exponenten z ist $\mathbb{D}_f = \mathbb{R}^*$.

Eigenschaften, Deutung der Parameter:

$f(x) = a \cdot x^z$ mit $z > 0$

▪ $\mathbb{D}_f = \mathbb{W}_f = \mathbb{R}$ ▪ Nullstelle $x = 0$ ▪ Schnittpunkt mit y-Achse = Nullpunkt ▪ genau eine lokale Extremstelle, wenn z gerade, sonst keine lokale Extremstelle	▪ genau eine Wendestelle, wenn z ungerade, sonst keine Wendestelle ▪ $f(1) = a$ ▪ keine Asymptoten

$f(x) = a \cdot x^z$ mit $z < 0$

▪ $\mathbb{D}_f = \mathbb{R}^*$, $\mathbb{W}_f = \mathbb{R}$	▪ keine Wendestelle
▪ keine Nullstelle	▪ $f(1) = a$
▪ kein Schnittpunkt mit der y-Achse	▪ beide Koordinatenachsen sind Asymptoten
▪ keine lokale Extremstelle	

Verlauf und Eigenschaften von $f(x) = a \cdot x^{\frac{1}{2}} + b$

Wurzeln können als Potenzen geschrieben werden.

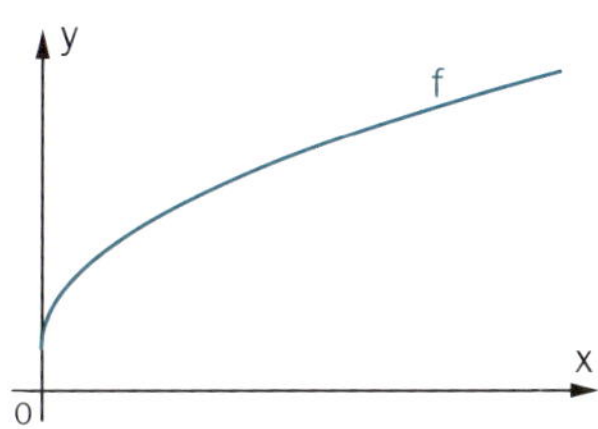

Daher ist jede **Wurzelfunktion** mit

$$f(x) = a \cdot \sqrt{x} + b = a \cdot x^{\frac{1}{2}} + b$$

mit $a, b \in \mathbb{R}$, $\mathbb{D}_f = \mathbb{R}_0^+$ auch eine Potenzfunktion.

Eigenschaften der Wurzelfunktion:

- $\mathbb{D}_f = \mathbb{W}_f = \mathbb{R}_0^+$
- Nullstelle $x = 0$, wenn $b = 0$ (sonst keine Nullstelle)
- genau ein Schnittpunkt mit y-Achse
- keine lokale Extremstelle
- keine Wendestelle
- $f(0) = b$ und $f(1) = a + b$

Parametervariation – Wirkung der Parameter auf den Graphen:

Veränderung von $a \in \mathbb{R}^+$ $\Rightarrow$ Streckung/Stauchung entlang der y-Achse:

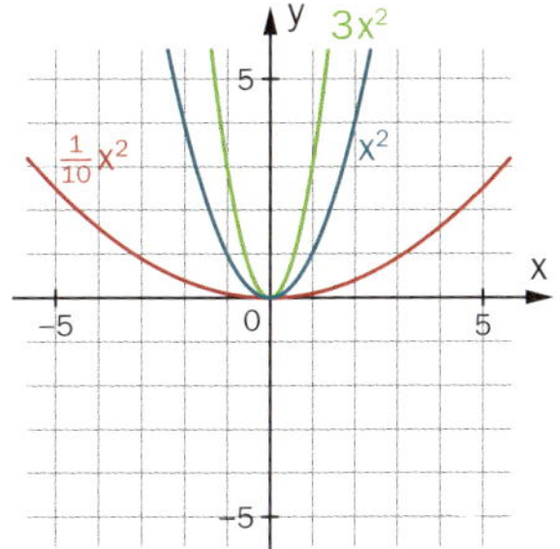

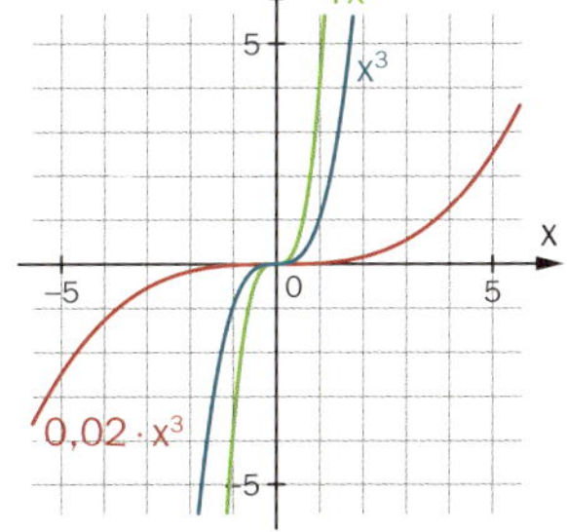

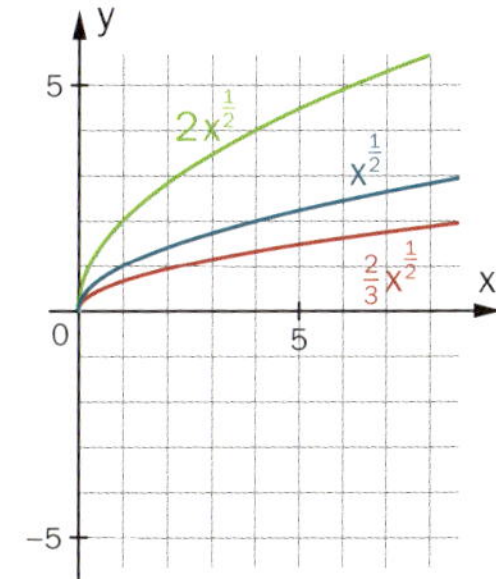

Veränderung des Vorzeichens von a ⇒ Spiegelung an der x-Achse:

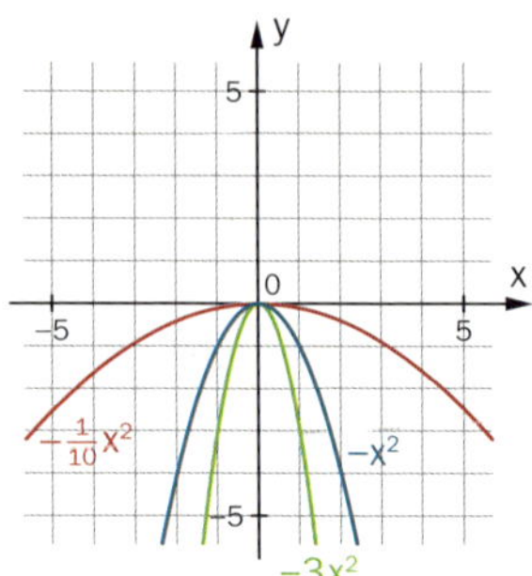

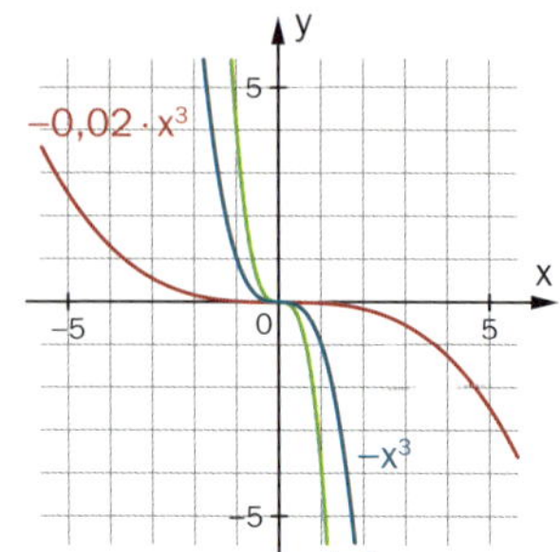

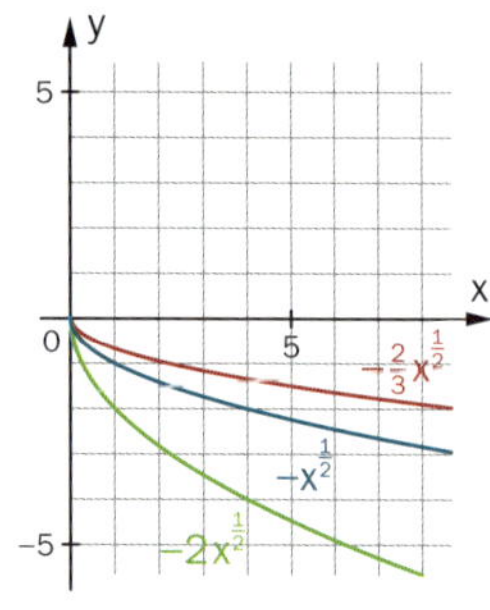

Veränderung von b ⇒
senkrechte Verschiebung um b Einheiten:

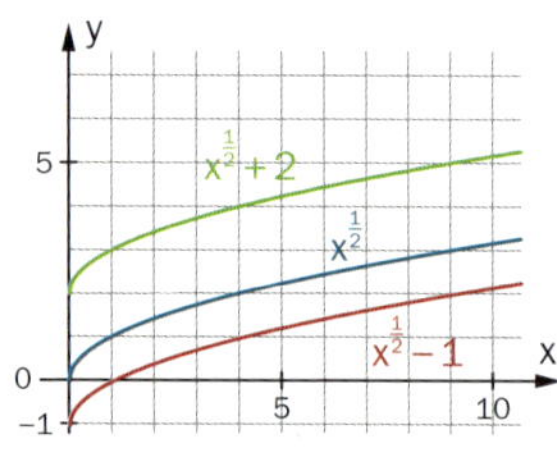

Bsp Die Potenzfunktion f mit $f(x) = a \cdot x^z$ ist grafisch gegeben.
Markierte Punkte haben ganzzahlige Koordinaten.

Ermittlung der Funktionsgleichung:

Graph symmetrisch zum Ursprung
⇒ z ist ungerade

zusammenhängende Kurve ⇒ $z > 0$
⇒ $z \in \{3, 5, 7, \ldots\}$

versuche $z = 3$

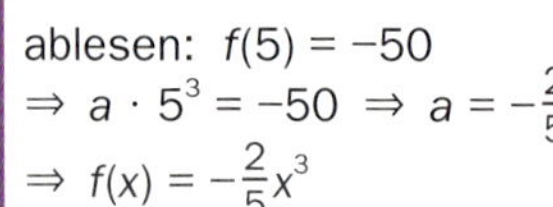

ablesen: $f(5) = -50$
⇒ $a \cdot 5^3 = -50$ ⇒ $a = -\frac{2}{5}$
⇒ $f(x) = -\frac{2}{5}x^3$

Überprüfen, ob die gefundene Funktionsgleichung zu der gegebenen Potenzfunktion passt, z. B. durch Wertetabelle (s. rechts). Die Wahl von z = 3 war geeignet. Die Funktionsgleichung lautet $f(x) = -\frac{2}{5}x^3$

x	$f(x)$
1	−0,4
2	−3,2
3	−10,8
4	25,6

indirekt proportionale Größen x und y

x wird verdoppelt ⇒ y wird halbiert
x wird verdreifacht ⇒ y wird gedrittelt
x wird halbiert ⇒ y wird verdoppelt, usw.
allgemein: $y = \frac{a}{x}$ bzw. $y = a \cdot x^{-1}$

Hinweise

- Indirekte Proportionalität lässt sich somit als Potenzfunktion der Form $f(x) = a \cdot x^{-1}$ beschreiben.
- Der Parameter a ist ein **Proportionalitätsfaktor**.

FA 4: Polynomfunktion $f(x) = \sum_{i=0}^{n} a_i \cdot x^i$ mit $n \in \mathbb{N}$

Polynomfunktion	$f(x) = a_n \cdot x^n + a_{n-1} \cdot x^{n-1} + \ldots + a_2 \cdot x^2 + a_1 \cdot x + a_0$ mit den **Koeffizienten** $a_0, a_1, \ldots, a_n \in \mathbb{R}$, $n \in \mathbb{N}$ = Summe von Potenzfunktionen mit natürlichen Exponenten
Grad n einer Polynomfunktion	größter Exponent einer Polynomfunktion

Hinweise

- $\mathbb{D}_f = \mathbb{W}_f = \mathbb{R}$
- Sind alle Exponenten gerade, dann ist der Graph symmetrisch zur y-Achse. Sind alle Exponenten ungerade, dann ist er symmetrisch zum Koordinatenursprung $(0|0)$.

Besondere Polynomfunktionen

konstante Funktion

Polynomfunktion vom Grad 0

$f(x) = c$ mit $c \in \mathbb{R}$

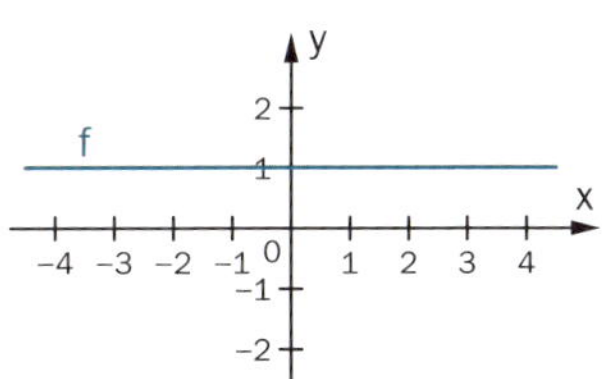

z. B. $f(x) = 1$

lineare Funktion

Polynomfunktion vom Grad 1

$f(x) = k \cdot x + d$ mit $k, d \in \mathbb{R}$, $k \neq 0$ (vgl. Seite 39)

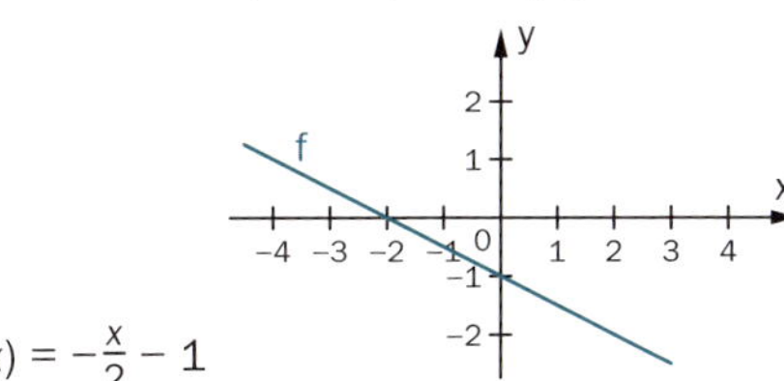

z. B. $f(x) = -\frac{x}{2} - 1$

quadratische Funktion

Polynomfunktion vom Grad 2

$f(x) = a \cdot x^2 + b \cdot x + c$ mit $a, b, c \in \mathbb{R}$, $a \neq 0$

▶ Zum Weiterüben:
Typ-1-Aufgaben zu FA 3 findest du in Thema Mathematik 8, S. 191–193.

Quadratische Funktion $f(x) = a \cdot x^2 + b \cdot x + c$:

Parabel nach oben (oder unten) offene Kurve mit einem tiefsten (oder höchsten) Punkt

Scheitel(-punkt) Tief- bzw. Hochpunkt einer Parabel

nach oben offene Parabel

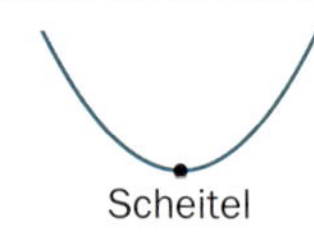

nach unten offene Parabel

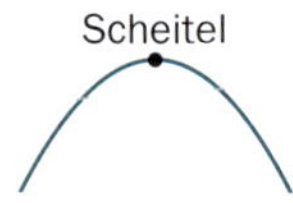

Hinweise

- Der Graph jeder quadratischen Funktion und jeder Potenzfunktion mit Exponenten $z \in \mathbb{N}_g$ ist eine Parabel.
- Der Graph der Funktion f mit $f(x) = x^2$ heißt *Grundparabel* (siehe Abb. rechts).

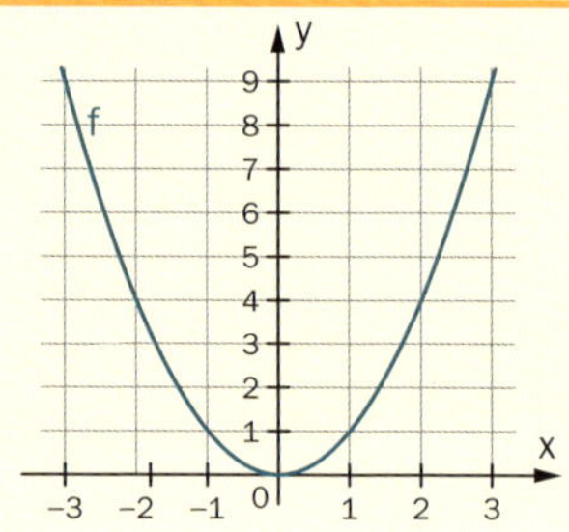

Parametervariation bei einer quadratischen Funktion

Veränderung von $a \in \mathbb{R}^+$
⇒ Streckung/Stauchung entlang der y-Achse:

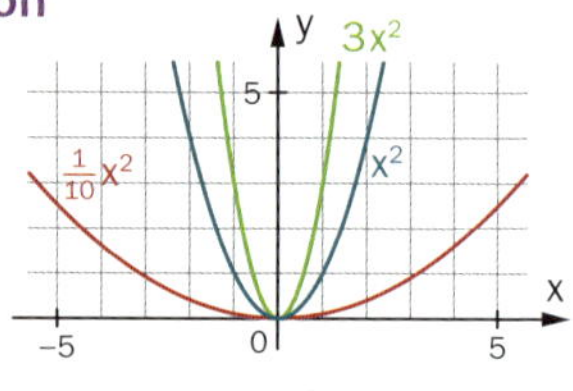

Veränderung des Vorzeichens von a
⇒ Spiegelung an der x-Achse:

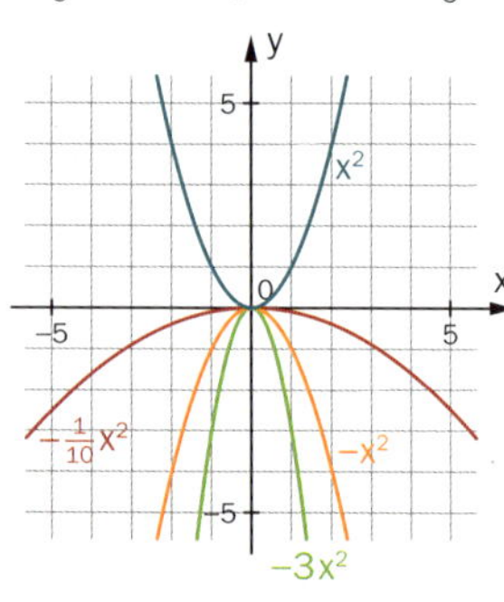

Veränderung von c
⇒ senkrechte Verschiebung um c Einheiten:

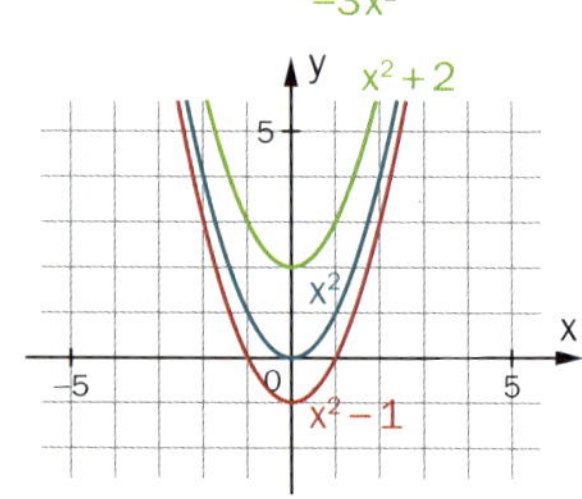

Eigenschaften der quadratischen Funktion

- keine, eine oder zwei Nullstellen (vergl. Seite 43)

zwei Nullstellen	*eine Nullstelle*	*keine Nullstelle*
z. B. $f(x) = x^2 + 3x - 10$	z. B. $f(x) = 4x^2 - 12x + 9$	z. B. $f(x) = 2x^2 + 6x - 7$

- genau ein Extrempunkt (= Scheitelpunkt)
- keine Wendestellen
- Jede quadratische Funktion f mit den Nullstellen x_1, x_2 kann in der Form $f(x) = a \cdot (x - x_1) \cdot (x - x_2)$ mit $a \in \mathbb{R}^*$ angeschrieben werden.

Bsp Eine quadratische Funktion f mit $y = f(x)$ ist durch ihre Wertetabelle gegeben.

x	−4	−3	−2	−1	0	1
y	0	8	12	12	8	0

Ermittlung der Funktionsgleichung

1. Möglichkeit mithilfe eines Gleichungssystems:
$f(x) = a \cdot x^2 + b \cdot x + c$

Für die Berechnung der 3 Koeffizienten a, b, $c \in \mathbb{R}$ brauchen wir 3 Gleichungen.
$\Rightarrow$ 3 Wertepaare einsetzen, z. B.:

$f(-4) = 0 \quad \Rightarrow \quad \text{I: } a \cdot (-4)^2 + b \cdot (-4) + c = 0$

$f(1) = 0 \quad \Rightarrow \quad \text{II: } a \cdot 1^2 + b \cdot 1 + c = 0$

$f(0) = 8 \quad \Rightarrow \quad \text{III: } a \cdot 0^2 + b \cdot 0 + c = 8$

Gleichungssystem lösen (ev. mit Technologie) $\Rightarrow$ $a = -2$, $b = -6$, $c = 8$

$\Rightarrow$ $f(x) = -2x^2 - 6x + 8$

2. Möglichkeit mithilfe der Nullstellen und der 4. Eigenschaft von oben:
$f(x) = a \cdot (x - x_1) \cdot (x - x_2)$ mit den Nullstellen $x_1 = -4$ und $x_2 = 1$

$\Rightarrow$ $f(x) = a \cdot (x + 4) \cdot (x - 1)$ mit $a \in \mathbb{R}$

Für die Berechnung des Koeffizienten $a \in \mathbb{R}$ brauchen wir eine Gleichung.
$\Rightarrow$ 1 Wertepaar einsetzen, z. B.:

$f(0) = 8 \quad \Rightarrow \quad a \cdot (0 + 4) \cdot (0 - 1) = 8$

Gleichung lösen $\Rightarrow$ $a = -2$

$\Rightarrow$ $f(x) = -2 \cdot (x + 4) \cdot (x + 1) = -2x^2 - 6x + 8$

Typische Verläufe von Polynomfunktionen

Jede **Polynomfunktion vom Grad *n*** hat höchstens *n* Nullstellen
höchstens $n - 1$ Extremstellen
höchstens $n - 2$ Wendestellen

Polynomfunktionen von Grad 3:
1 bis 3 Nullstellen, 0 bis 2 Extremstellen, 1 Wendestelle

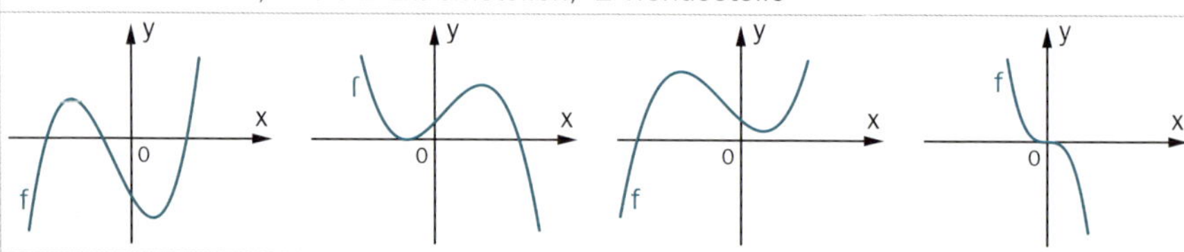

Polynomfunktionen von Grad 4:
0 bis 4 Nullstellen, 1 bis 3 Extremstellen, 0 bis 2 Wendestellen

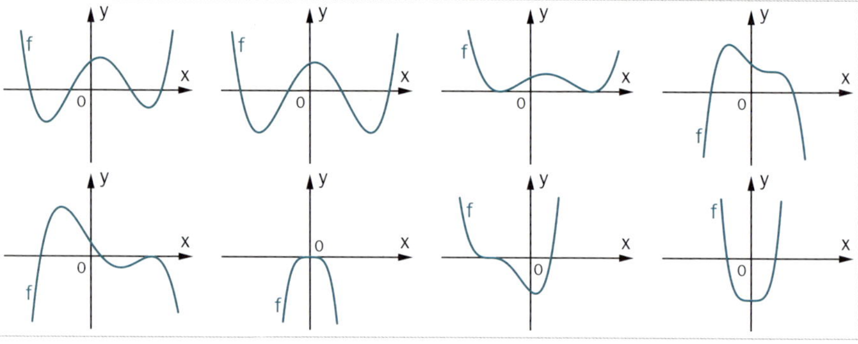

Bsp

Eine Polynomfunktion *f* ist durch ihren Graphen gegeben.

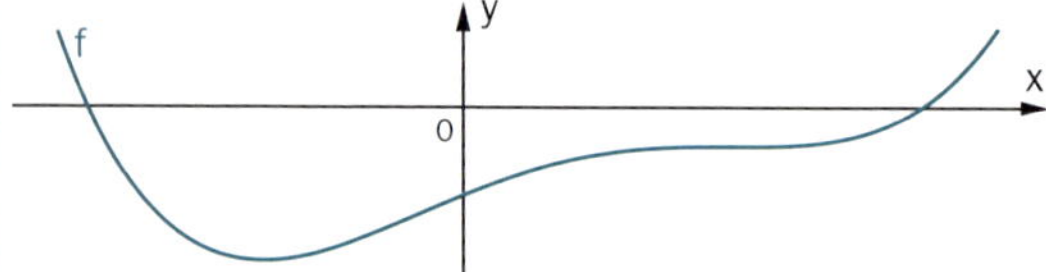

Ermittlung, welchen Grad f mindestens hat
Markieren aller Nullpunkte, Extrempunkte und Wendepunkte:

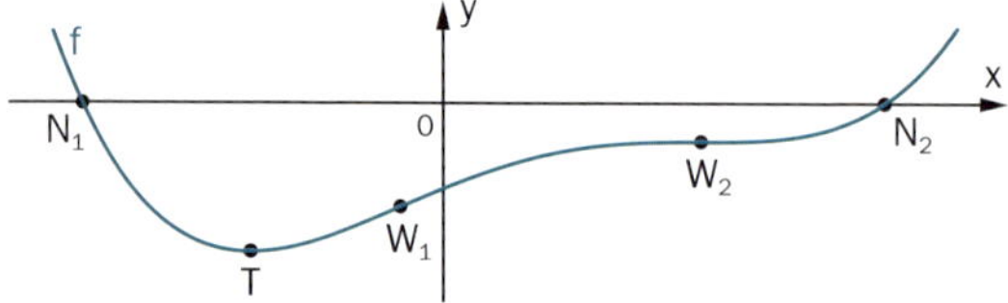

2 Nullstellen $\Rightarrow$ mindestens Grad 2
1 Extremstelle $\Rightarrow$ mindestens Grad 2
2 Wendestellen $\Rightarrow$ mindestens Grad 4
$\Rightarrow$ Die Poynomfunktion *f* hat mindestens Grad 4.

▶ Zum Weiterüben:
Typ-1-Aufgaben zu FA 4 findest du in Thema Mathematik 8, S. 193–195.

FA 5: Exponentialfunktion $f(x) = a \cdot b^x$ bzw. $f(x) = a \cdot e^{\lambda \cdot x}$ mit $a, b \in \mathbb{R}^+, \lambda \in \mathbb{R}$

Exponentialfunktion

$f(x) = a \cdot b^x$
mit Parametern $a, b \in \mathbb{R}^+$

oder

$f(x) = a \cdot e^{\lambda \cdot x}$
mit Parametern $a \in \mathbb{R}^+, \lambda \in \mathbb{R}$

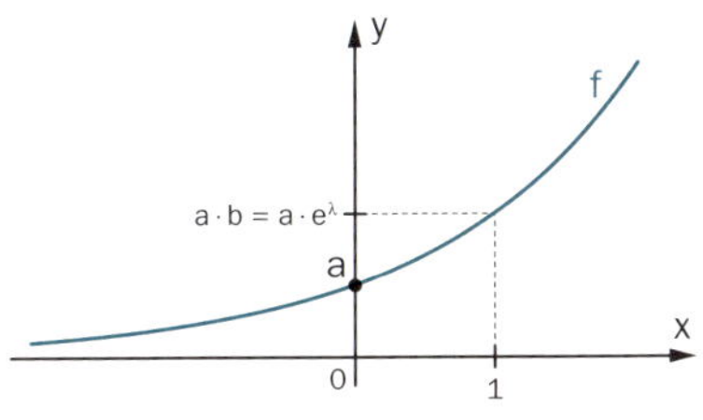

Hinweise

- Jede Exponentialfunktion kann in der Form $f(x) = a \cdot b^x$ und in der Form $f(x) = a \cdot e^{\lambda \cdot x}$ (mit dem gleichen Wert a und $b = e^{\lambda}$) geschrieben werden.
- Die **natürliche Exponentialfunktion** f hat die Form $f(x) = e^x$.

Eigenschaften und Deutung der Parameter

$f(x + 1) = b \cdot f(x)$ — Wenn x um 1 größer wird, verändert sich der Funktionswert um den Faktor b.

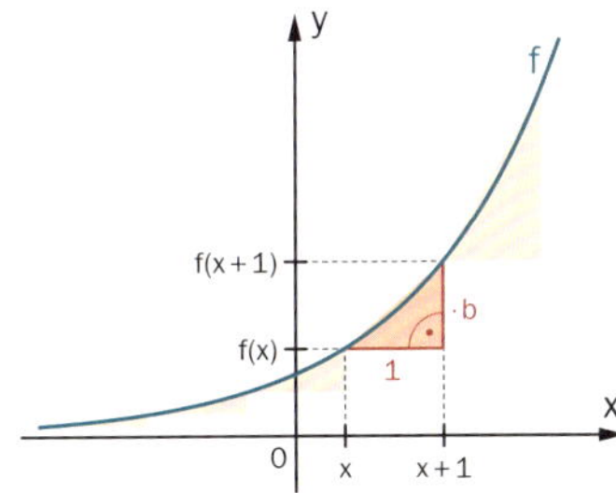

$[e^x]' = e^x$ — Die lokale Änderungsrate (der Differenzialquotient) ist bei der natürlichen Exponentialfunktion an jeder Stelle x gleich dem Funktionswert an dieser Stelle.

Hinweise

- $\mathbb{D}_f = \mathbb{R}$, $\mathbb{W}_f = \mathbb{R}^+$
- keine Nullstelle
- genau ein Schnittpunkt mit der y-Achse
- kein Monotoniewechsel, daher keine lokalen Extremstellen
- keine Wendestellen (vgl. Kapitel 3. Analysis)
- In gleich breiten Intervallen ändert sich der Funktionswert jeweils um denselben Faktor.

Hinweise

In verschiedenen Kontexten gilt:

- $b = e^{\lambda}$ ist ein Änderungsfaktor pro Einheit von x.
- $a = f(0)$ ist ein Anfangs- bzw. Ausgangswert.
- **Zusammenhang Parameter b bzw. λ – Monotonie:**

$b > 1,\ \lambda > 0$

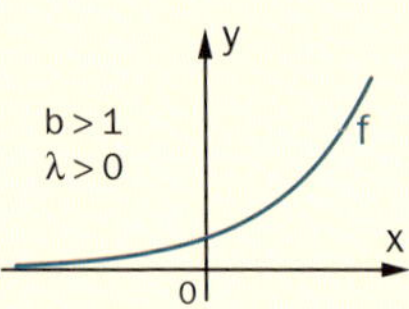

streng monoton steigend

$0 < b < 1,\ \lambda < 0$

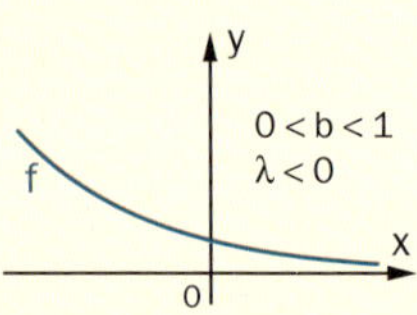

streng monoton fallend

$b = 1,\ \lambda = 0$

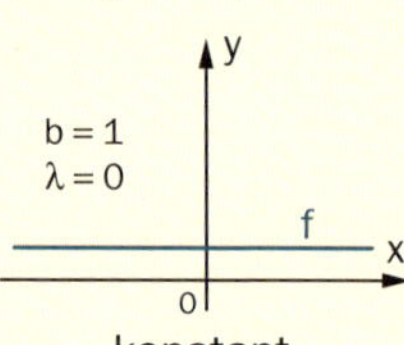

konstant

Bsp

Eine Funktion f ist durch eine Wertetabelle gegeben.

x	f(x)
0	20
5	4860
10	1180980

Überprüfung mithilfe der Änderungsfaktoren, ob eine Exponentialfunktion vorliegt:

Wähle gleich breite Intervalle so, dass jeder x-Wert mindestens einmal als Intervallgrenze vorkommt, z. B.:

Intervall	Änderungsfaktor
[0; 5]	$\frac{f(5)}{f(0)} = \frac{4860}{20} = 243$
[5; 10]	$\frac{f(10)}{f(5)} = \frac{1180980}{4860} = 243$

Die Änderungsfaktoren sind gleich. $\Rightarrow$ f ist eine Exponentialfunktion.

Ermittlung der Funktionsgleichung:

$f(x) = a \cdot b^x$

$f(0) = 20 \quad \Rightarrow a \cdot b^0 = 20 \quad \Rightarrow a = 20$

$f(5) = 4860 \quad \Rightarrow 20 \cdot b^5 = 4860 \quad \Rightarrow b = \sqrt[5]{\frac{4860}{20}} = 3$

$\Rightarrow f(x) = 20 \cdot 3^x$

$f(x) = a \cdot e^{\lambda \cdot x}$ mit $a = 20$

$\Rightarrow 20 \cdot 3^x = 20 \cdot e^{\lambda \cdot x} \Rightarrow 3 = e^{\lambda} \Rightarrow \lambda = \ln 3 \approx 1{,}0986$

$\Rightarrow f(x) = 20 \cdot e^{1{,}0986 \cdot x}$

Halbwertszeit – Verdopplungszeit

Die Funktionswerte einer Exponentialfunktion ändern sich in gleich breiten Intervallen um denselben Faktor. ⇒
Die Funktionswerte verdoppeln bzw. halbieren sich in gleich breiten Intervallen.

Halbwertszeit

Zeit τ, in der sich die Funktionswerte einer Exponentialfunktion f mit der Zeit t als unabhängige Variable, halbieren

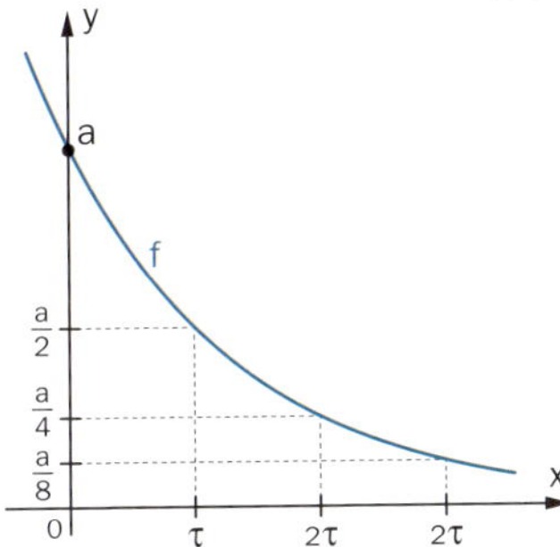

Es gilt:
$f(t + \tau) = \frac{f(t)}{2}$ und $f(\tau) = \frac{a}{2}$

Verdopplungszeit

Zeit T, in der sich die Funktionswerte einer Exponentialfunktion f mit der Zeit t als unabhängige Variable, verdoppeln

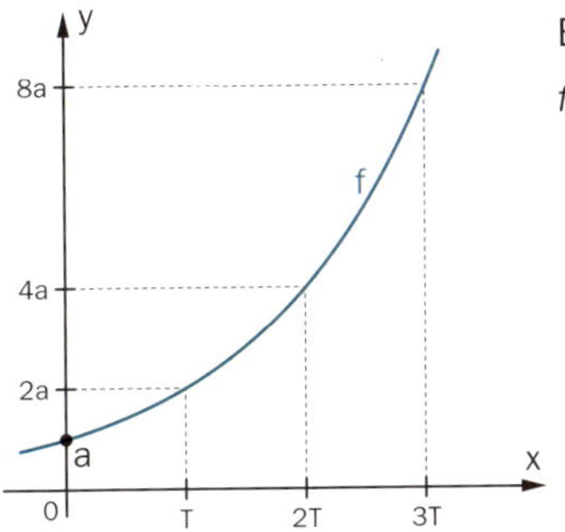

Es gilt:
$f(t + T) = 2 \cdot f(t)$ und $f(T) = 2a$

Hinweis

Ist die unabhängige Variable nicht die Zeit, können analog auch Begriffe wie *Halbwertslänge*, *Verdopplungstemperatur* etc. verwendet werden.

Bsp

Beim Eindringen in Wasser nimmt die Intensität I eines Lichstrahls exponentiell mit der Eindringtiefe x (in m) ab. In einem konkreten Fall gilt: $I(x) = I_0 \cdot 0{,}95^x$

Berechnung der Tiefe, in der die Intensität nur noch halb so groß ist wie an der Wasseroberfläche:

$$I(x) = \frac{I_0}{2}$$

$$I_0 \cdot 0{,}95^x = \frac{I_0}{2}$$

$$0{,}95^x = \frac{1}{2} \Rightarrow x \approx 13{,}5$$

⇒ Die „Halbwertstiefe" beträgt ca. 13,5 m, d. h. alle 13,5 m halbiert sich die Intensität des Lichstrahls.

▶ Zum Weiterüben:
Typ-1-Aufgaben zu FA 5 findest du in Thema Mathematik 8, S. 195–201.

FA 6: Sinusfunktion, Cosinusfunktion

Winkelfunktionen haben als unabhängige Variable einen Winkel x im Bogenmaß.

Bogenmaß eines Winkels φ die Länge des entsprechenden Kreisbogens b im Einheitskreis, Einheit *Radiant* (rad)

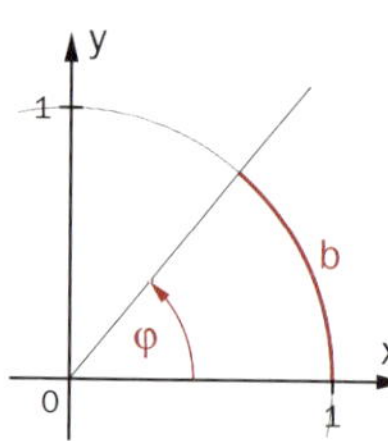

Der Einheitskreis hat den Umfang 2π, daher:

Gradmaß	360°	180°	90°	$\varphi°$
Bogenmaß in rad	2π	π	$\frac{\pi}{2}$	$\frac{\pi \cdot \varphi}{180}$

Mithilfe der Definition von Sinus und Cosinus am Einheitskreis (vgl. Seite 28) können folgende Funktionen definiert werden:

Sinusfunktion ordnet jedem Winkel $x \in \mathbb{R}$ (im Bogenmaß) den entsprechenden Sinuswert $\sin(x)$ zu

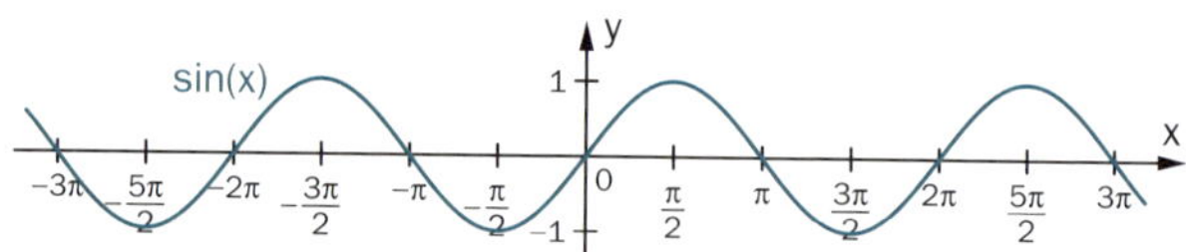

Cosinusfunktion ordnet jedem Winkel $x \in \mathbb{R}$ (im Bogenmaß) den entsprechenden Cosinuswert $\cos(x)$ zu

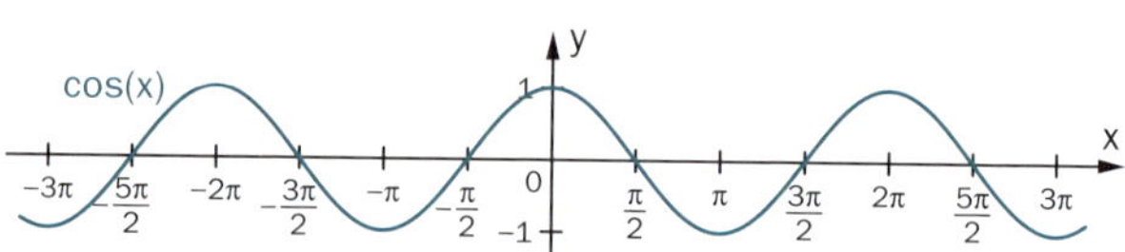

Eigenschaften von sin und cos

- $\mathbb{D}_f = \mathbb{R}$, $\mathbb{W}_f = [-1; 1]$
- periodisch mit Periodenlänge 2π
- Nullstellen der Sinusfunktion und Extremstellen der Cosinusfunktion: $0, \pm\pi, \pm 2\pi, \pm 3\pi$, usw.
- Nullstellen der Cosinusfunktion und Extremstellen der Sinusfunktion: $0, \pm\frac{\pi}{2}, \pm\frac{3\pi}{2}, \pm\frac{5\pi}{2}$, usw.
- jede Nullstelle ist auch eine Wendestelle
- Graph von cos entsteht durch Verschiebung des Graphen von sin um $\frac{\pi}{2}$ Einheiten nach links: $\cos x = \sin\left(x + \frac{\pi}{2}\right)$
- Ableitungsregeln: $[\sin x]' = \cos x$, $[\cos x]' = -\sin x$ (siehe Kapitel 3 Analysis)

Sinusfunktion $f(x) = a \cdot \sin(b \cdot x)$ mit $a, b \in \mathbb{R}$

Eigenschaften und Deutung der Parameter

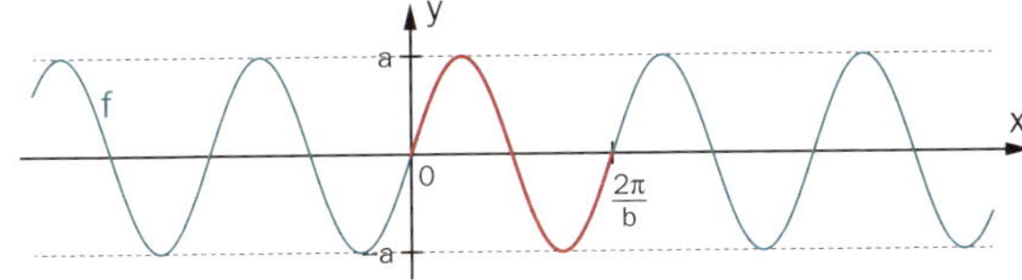

- $\mathbb{D}_f = \mathbb{R}$, $\mathbb{W}_f = [-a; a]$
- a bewirkt eine Streckung/Stauchung in y-Richtung
- b bewirkt eine Streckung/Stauchung in x-Richtung und verändert die Periode; Periodenlänge $\frac{2\pi}{b}$

Im Zusammenhang mit Schwingungen ist

- $a > 0$ die *Amplitude* der Schwingung und
- $\frac{2\pi}{b}$ die *Wellenlänge*.

Bsp Eine Sinusschwingung ist durch ihren Graphen gegeben:

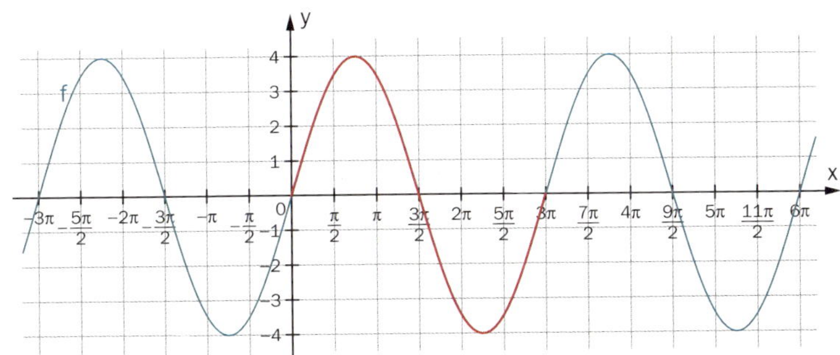

Ermitteln der Funktionsgleichung:

1. Amplitude ablesen und Parameter a ermitteln:
   Die Funktionswerte liegen im Bereich −4 bis 4.
   $\Rightarrow$ Amplitude $a = 4$
2. Wellenlänge ablesen und Parameter b ermitteln:
   In der Abbildung wurde eine vollständige Schwingung färbig markiert.
   $\Rightarrow$ Wellenlänge $= 3\pi$
   $\Rightarrow \frac{2\pi}{b} = 3\pi$
   $\Rightarrow b = \frac{2}{3}$
3. Funktionsgleichung $f(x) = a \cdot \sin(b \cdot x)$ angeben:
   $f(x) = 4 \cdot \sin\left(\frac{2}{3} \cdot x\right)$

▶ Zum Weiterüben:
Typ-1-Aufgaben zu FA 6 findest du in Thema Mathematik 8, S. 202–203.

Analysis

AN 1: Änderungsmaße

Absolute und relative Änderung, mittlere Änderungsrate

Die Funktion f ist auf einem Intervall $[a, b]$ definiert.

absolute Änderung $f(b) - f(a)$	gibt an, um wie viel sich der Funktionswert im Intervall $[a, b]$ verändert
relative Änderung $\frac{f(b) - f(a)}{f(a)}$	gibt an, wie stark sich der Funktionswert im Intervall $[a, b]$ relativ zum Anfangswert $f(a) \neq 0$ verändert; oft in Prozent, also als **prozentuelle Änderung**, angegeben
mittlere Änderungsrate (Differenzenquotient) $\frac{f(b) - f(a)}{b - a}$	gibt an, wie stark sich der Funktionswert im Intervall $[a, b]$ durchschnittlich pro Einheit verändert

Bsp

Die Weltbevölkerung f in Mrd. kann ab dem Jahr 1990 durch $f(x) = 0{,}0005x^2 + 0{,}071x + 5{,}315$ beschrieben werden.

absolute Änderung von f im Intervall [10; 20]	$f(20) - f(10) = 6{,}93 - 6{,}07 = 0{,}86$ Die Weltbevölkerung hat im Zeitraum 2000 bis 2010 um 0,86 Mrd. Menschen zugenommen.
relative Änderung von f im Intervall [10; 20]	$\frac{f(20) - f(10)}{f(10)} = \frac{6{,}93 - 6{,}07}{6{,}07} \approx 0{,}142$ Die Weltbevölkerung hat im Zeitraum 2000 bis 2010 um ca. 14,2 % zugenommen.
mittlere Änderungsrate von f im Intervall [10; 20]	$\frac{f(20) - f(10)}{20 - 10} = \frac{6{,}93 - 6{,}07}{10} = 0{,}086$ Die Weltbevölkerung hat im Zeitraum 2000 bis 2010 im Durchschnitt um 86 Mio. Menschen pro Jahr zugenommen.

Hinweise

- Die absolute Änderung hat die Einheit von $f(x)$, also z. B. Mrd. Menschen, weil $f(x)$ in Mrd. Menschen gegeben ist.
- Die relative Änderung ist eine reine Zahl, z. B. 0,142 = 14,2 %
- Die mittlere Änderungsrate hat die Einheit von $f(x)$ dividiert durch die Einheit von x, also z. B. 0,086 Mrd. Menschen pro Jahr, weil $f(x)$ in Mrd. Menschen und x in Jahren gegeben ist.
- Bei der Interpretation eines Differenzenquotienten, d. h. der mittleren Änderungsrate, müssen drei Angaben vorhanden sein:
  1) das Intervall
  2) die Formulierung „im Durchschnitt“
  3) die richtige Einheit

Differenzenquotient und Differentialquotient

Differenzenquotient

- mittlere Änderungsrate einer Funktion, bezogen auf ein bestimmtes Intervall
- Steigung der Sekante, deren Graph durch zwei Punkte des Funktionsgraphen verläuft
- unterschiedliche Schreibweisen:

$\frac{\Delta y}{\Delta x} = \frac{f(b) - f(a)}{b - a}$ $\qquad$ $\frac{\Delta y}{\Delta x} = \frac{f(x_1) - f(x)}{x_1 - x}$ $\qquad$ $\frac{\Delta y}{\Delta x} = \frac{f(x + \Delta x) - f(x)}{\Delta x}$

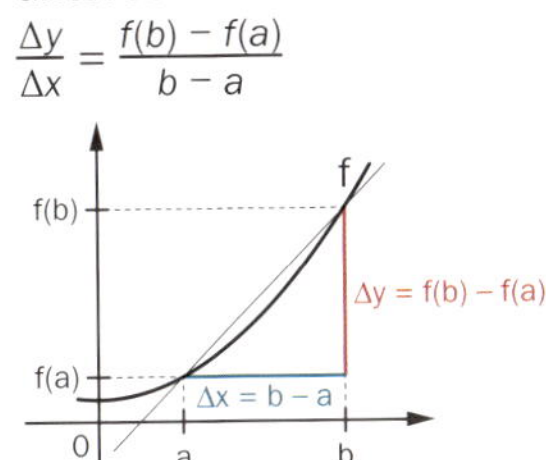

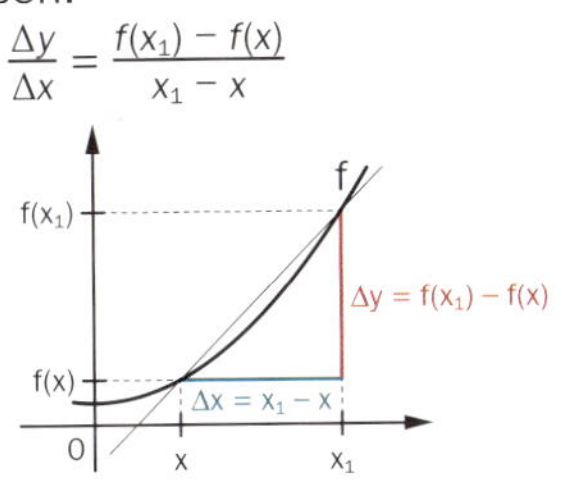

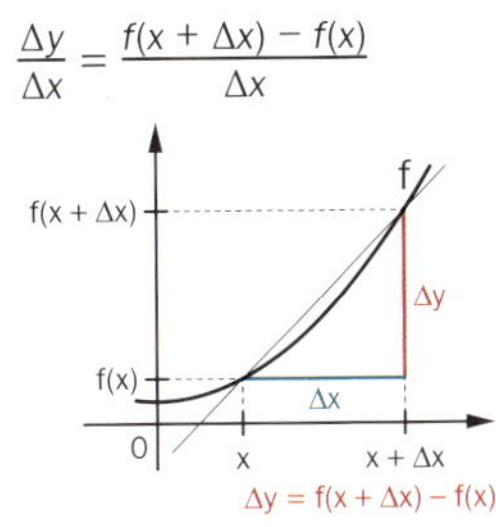

Hinweis

Wenn wir beim Differenzenquotienten das Intervall immer schmäler machen, nähert sich geometrisch die Sekante immer mehr der Tangente im Punkt $(a \mid f(a))$ bzw. $(x \mid f(x))$. Die Sekantensteigung $\frac{\Delta y}{\Delta x}$ wird im **Grenzwert** $\Delta x \to 0$ zur Tangentensteigung $\lim\limits_{\Delta x \to 0} \frac{\Delta y}{\Delta x}$. Das ist die Idee des Differentialquotients.

Differentialquotient

- **lokale** bzw. bei zeitlichen Vorgängen die **momentane Änderungsrate** einer Funktion, bezogen auf eine bestimmte Stelle x bzw. auf einen bestimmten Zeitpunkt t
- Steigung der Tangente im entsprechenden Punkt des Funktionsgraphen
- unterschiedliche Schreibweisen:

$f'(x) = \lim\limits_{x_1 \to x} \frac{f(x_1) - f(x)}{x_1 - x}$ $\qquad$ $f'(x) = \lim\limits_{\Delta x \to 0} \frac{f(x + \Delta x) - f(x)}{\Delta x}$

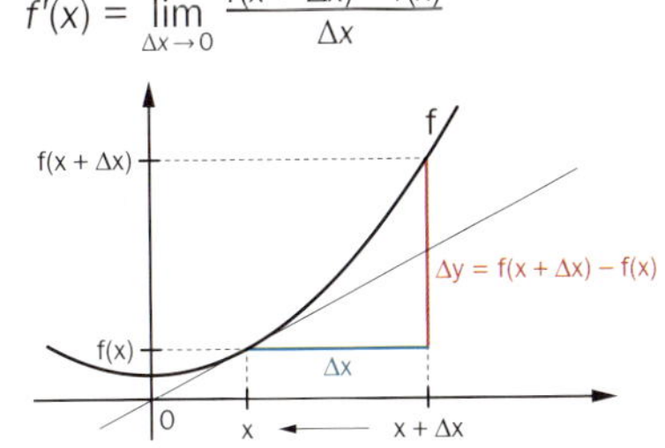

Die Funktion f' ordnet jeder Stelle x den Differentialquotienten $f'(x)$ zu. f' heißt **Ableitungsfunktion** oder **1. Ableitung von f** (siehe auch S. 61 und S. 62).

Differenzen- und Differentialquotient grafisch interpretieren

$\frac{f(b)-f(a)}{b-a} = r > 0$	Sekante durch $(a\,\vert\,f(a))$ und $(b\,\vert\,f(b))$ → hat eine pos. Steigung *f* wächst im Durchschnitt pro Einheit um *r*.
$\frac{f(b)-f(a)}{b-a} = 0$	Sekante durch $(a\,\vert\,f(a))$ und $(b\,\vert\,f(b))$ → ist waagrecht Sie hat die Steigung null, weil $f(a) = f(b)$.
$\frac{f(b)-f(a)}{b-a} = r < 0$	Sekante durch $(a\,\vert\,f(a))$ und $(b\,\vert\,f(b))$ → hat eine neg. Steigung *f* fällt im Durchschnitt pro Einheit um $\vert r\vert$.
$f'(a) = r > 0$	Tangente im Punkt $(a\,\vert\,f(a))$ → hat pos. Steigung *r*
$f'(a) = 0$	Tangente im Punkt $(a\,\vert\,f(a))$ → ist waagrecht Sie hat Steigung null.
$f'(a) = r < 0$	Tangente im Punkt $(a\,\vert\,f(a))$ → hat neg. Steigung *r*

Bsp Ausschnitt des Graphen der Funktion *f* mit
$f(x) = -0{,}25x^2 - 0{,}5x + 1{,}75$

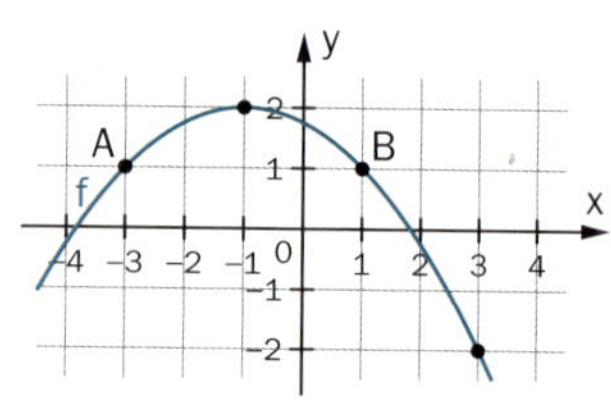

Aufgabenstellung	Lösung
Gib ein Intervall an, für das der Differenzenquotient positiv ist.	z. B. $[-3; -1]$, weil $f(-1) > f(-3)$
Gib ein Intervall an, für das der Differenzenquotient null ist.	z. B. $[-3; 1]$, weil $f(1) = f(-3)$
Gib eine Stelle an, für die der Differentialquotient negativ ist.	z. B. $x = 1$, weil die Tangente im Punkt *B* eine negative Steigung hat.
Gib jene Stelle *b* an, sodass der Differenzenquotient des Intervalls $[-3; b]$ gleich -1 ist.	Zeichne in *A* eine Sekante mit Steigung -1 und schneide sie mit dem Graphen von *f*: $b = 5$ 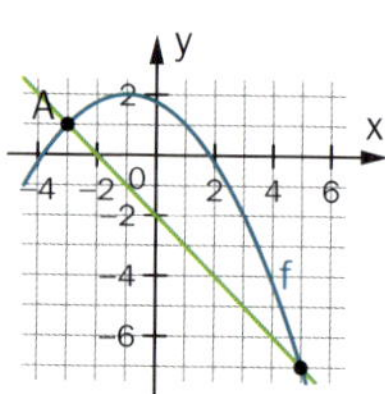
Gib jene Stelle an, für die der Differentialquotient gleich dem Differenzenquotienten im Intervall $[-3; -1]$ ist.	Differenzenquotient im Intervall $[-3; -1] = \frac{1}{2}$ ⇒ weil $f'(x) = -0{,}5x - 0{,}5$: $-0{,}5x - 0{,}5 = 0{,}5$ ⇒ $x = -2$

GeoGebra: Heißt die eingegebene Funktion *f*, musst du nur *f'* eintippen. Die 1. Ableitung von *f* wird angezeigt.

Differenzen- und Differentialquotient in verschiedenen Kontexten deuten und anwenden

Interpretation eines Differenzenquotienten $\frac{\Delta y}{\Delta x} = \frac{f(x_1) - f(x)}{x_1 - x}$

- mittlere bzw. durchschnittliche Änderungsrate einer Funktion f, bezogen auf ein bestimmtes Intervall
- Zur Interpretation brauchst du:
  1) das Intervall
  2) die Formulierung „im Durchschnitt"
  3) die richtige Einheit $\frac{\text{Einheit von } f(x)}{\text{Einheit von } x}$

Interpretation eines Differentialquotienten $f'(x) = \lim\limits_{x_1 \to x} \frac{f(x_1) - f(x)}{x_1 - x}$

- lokale bzw. bei zeitlichen Vorgängen die momentane Änderungsrate einer Funktion, bezogen auf eine bestimmte Stelle bzw. auf einen bestimmten Zeitpunkt.
- Zur Interpretation brauchst du:
  1) die Stelle bzw. den Zeitpunkt
  2) die Formulierung „lokale/momentane Änderungsrate"
  3) die richtige Einheit $\frac{\text{Einheit von } f(x)}{\text{Einheit von } x}$

Hinweis

Wenn durch eine Funktion ein zeitlicher Vorgang beschrieben wird, kannst du den Differenzenquotienten als **mittlere Geschwindigkeit** oder Durchschnittsgeschwindigkeit und den Differentialquotienten als **Momentangeschwindigkeit** interpretieren.

Beispiele:

- Mittlere Wachstumsgeschindigkeit $\frac{\Delta P}{\Delta t}$ einer Population in einem Zeitintervall $[t_1; t_2]$ bzw. momentane Wachstumsgeschindigkeit $P'(t)$ einer Population zu einem bestimmten Zeitpunkt t.
- Mittlere Zerfallsgeschwindigkeit $\frac{\Delta N}{\Delta t}$ einer radioaktiven Substanz in einem Zeitintervall $[t_1; t_2]$ bzw. momentane Zerfallsgeschwindigkeit $N'(t)$ einer radioaktiven Substanz zu einem bestimmten Zeitpunkt t.
- Mittlere Änderungsgeschwindigkeit $\frac{\Delta W}{\Delta t}$ des Wasserstands in einem Zeitintervall $[t_1; t_2]$ bzw. momentane Änderungsgeschwindigkeit $W'(t)$ des Wasserstands zu einem bestimmten Zeitpunkt t.

Im Folgenden werden exemplarisch einige Kontexte angeführt.

Kontext	Differenzenquotient	Differentialquotient
Wegfunktion $s(t)$	mittlere Geschwindigkeit in einem Zeitintervall $[t_1; t_2]$	Momentangeschwindigkeit zu einem bestimmten Zeitpunkt t
Geschwindigkeits-funktion $v(t)$	mittlere Beschleunigung in einem Zeitintervall $[t_1; t_2]$	Momentanbeschleunigung zu einem bestimmten Zeitpunkt t
Kostenfunktion $K(x)$	mittlere Zunahme der Kosten pro Mengeneinheit, wenn die Produktion von x_1 ME auf x_2 ME ausgedehnt wird.	Grenzkosten für eine bestimmte Produktionsmenge x
Erlösfunktion $E(x)$	mittlere Änderung des Erlöses pro Mengeneinheit, wenn die Produktion von x_1 ME auf x_2 ME ausgedehnt wird.	Grenzerlös für eine bestimmte Produktionsmenge x
Arbeit (Energie) $W(t)$	mittlere Leistung in einem Zeitintervall $[t_1; t_2]$	(momentane) Leistung zu einem bestimmten Zeitpunkt t
Arbeit (Energie) $W(s)$	mittlere Kraft in einem Wegintervall $[s_1; s_2]$	Kraft an einer bestimmten Position s

Bsp Die Ausbreitung einer Alge auf einem See wird täglich beobachtet. Die Funktion A beschreibt die von der Alge bedeckten Fläche zum Zeitpunkt t. Die Fläche A wird in m^2 gemessen, die Zeit t in Tagen ab Beginn der Beobachtung.

Term	Interpretation
$\frac{A(17) - A(7)}{10}$	mittlere Änderungsrate des Flächeninhalts A in m^2 pro Tag für den Zeitraum 7 bis 17 Tage nach Beobachtungsbeginn = mittlere Geschwindigkeit in m^2 pro Tag, mit der der Flächen-inhalt A im Zeitraum 7 bis 17 Tage nach Beobachtungsbeginn wächst
$\lim\limits_{\Delta t \to 0} \frac{A(7 + \Delta t) - A(7)}{\Delta t}$	momentane Änderungsrate des Flächeninhalts A in m^2 pro Tag genau 7 Tage nach Beobachtungsbeginn = Momentangeschwindigkeit in m^2 pro Tag, mit der der Flächen-inhalt A genau 7 Tage nach Beobachtungsbeginn wächst

Bsp Die Temperatur T einer 40 cm dicken Mauer wird mathematisch modelliert. An der Innenseite ($x = 0$) hat sie Zimmertemperatur. Nach außen hin sinkt die Temperatur der Mauer bis zum tiefsten Wert. Die Temperatur T wird in °C, die Mauerdicke x in cm gemessen.

Aussage	Interpretation
$\frac{T(40) - T(0)}{40} = -0{,}4$	Die Temperatur sinkt in der gesamten 40 cm dicken Mauer im Durchschnitt um 0,4 °C pro cm.
$\lim\limits_{\Delta x \to 0} \frac{T(20 + \Delta x) - T(20)}{\Delta x} = -1$	Die momentane Änderungsrate der Temperatur genau in der Mitte der Mauer beträgt −1 °C pro cm. Das negative Vorzeichen bedeutet, dass die Temperatur in der Mauer von innen nach außen sinkt.

Differenzengleichungen

Eine Bestandsgröße y (Tierpopulation, Medikamentendosis, Blutalkoholgehalt usw.) wird in diskreten Zeitschritten beobachtet, z. B. jede Stunde oder jeden Tag. y_0 ist der Bestand am Beginn; y_1 der Bestand nach einem Zeitschritt, usw. Der Bestand wird durch eine Zahlenfolge y_n beschrieben.
Die Art des Modells wird durch eine Differenzengleichung festgelegt. Das ist eine Gleichung für die absolute Änderung des Bestands $\Delta y_n = y_{n+1} - y_n$.

Lineares Wachstum $y_{n+1} - y_n = k$

Der Zuwachs pro Zeitschritt ist konstant.

Bsp In der Corona-Krise erhöhte sich Ende März die Anzahl der Infizierten täglich um ca. 600.
A_n … Anzahl der Infizierten an einem bestimmten Tag n;
A_{n+1} … Anzahl der Infizierten am nächsten Tag: $A_{n+1} = A_n + 600$

⇒ Differenzengleichung $A_{n+1} - A_n = 600$

Exponentielles Wachstum $y_{n+1} - y_n = k \cdot y_n$

Der Zuwachs pro Zeitschritt ist proportional zum letzten Bestand.
Der relative Zuwachs pro Zeitschritt ist konstant: $\frac{y_{n+1} - y_n}{y_n} = k$

Bsp In der Corona-Krise erhöhte sich Anfang März die Anzahl der Infizierten täglich um ca. 15 %.
A_n und A_{n+1} wie oben: $A_{n+1} = A_n + 0{,}15\,A_n$

⇒ Differenzengleichung $A_{n+1} - A_n = 0{,}15\,A_n$

Beschränktes Wachstum $y_{n+1} - y_n = k \cdot (G - y_n)$

G ist die Sättigungsmenge und $G - y_n$ der Freiraum.
Der Zuwachs pro Zeitschritt ist proportional zum noch vorhandenen Freiraum.

Bsp In der Corona-Krise stieg die Anzahl der Infizierten ab 5. April (stark vereinfacht) beschränkt mit einer Sättigungsmenge von 15200. Die Anzahl stieg täglich um 22 % des jeweiligen Freiraums.

A_n und A_{n+1} wie oben: $A_{n+1} = A_n + 0{,}22 \cdot (15200 - A_n)$

$\Rightarrow$ Differenzengleichung $A_{n+1} - A_n = 0{,}22 \cdot (15200 - A_n)$

Bsp Die Tabelle zeigt die zeitliche Entwicklung einer Größe y.
Wir sollen diese Größe durch eine Differenzengleichung der Form $y_{n+1} = a \cdot y_n + b$ beschreiben.
Gesucht sind die reellen Parameter a und b.

n	y_n
0	12
1	4
2	2

Setze $n = 0$: $y_1 = a \cdot y_0 + b \Leftrightarrow$ (i) $4 = a \cdot 12 + b$
Setze $n = 1$: $y_2 = a \cdot y_1 + b \Leftrightarrow$ (ii) $2 = a \cdot 4 + b$

Dieses Gleichungssystem hat die Lösung $a = 0{,}25$ und $b = 1$

Wenn du den Anfangswert y_0 kennst, kannst du mit einer Tabellenkalkulation die Werte y_n berechnen, z. B. für $y_0 = 7$ und $y_{n+1} - y_n = 7 - 0{,}75 y_n$:

Forme die Differenzengleichung um: $y_{n+1} = y_n + 7 - 0{,}75 y_n$
$y_{n+1} = y_n \cdot 0{,}25 + 7$

1. Schritt:	2. Schritt:	3. Schritt:
Gib den Wert von y_0 in der Zelle A1 ein.	Gib die Formel „= A1*0.25 + 7“ in der Zelle A2 ein.	Kopiere die Formel von der Zelle A2 nach unten.

1. Schritt:

	A
1	7
2	
3	
4	
5	
6	
7	

2. Schritt:

	A
1	7
2	=a1*0.25+7
3	
4	
5	
6	
7	

3. Schritt:

	A
1	7
2	8.75
3	9.19
4	9.3
5	9.32
6	9.33
7	9.33

▶ Zum Weiterüben:
Typ-1-Aufgaben zu AN 1 findest du in Thema Mathematik 8, S. 205–210.

AN 2: Regeln für das Differenzieren

spezielle Ableitungsregeln

Funktion	Funktionsterm	1. Ableitung
konstante Funktion	$f(x) = k$	$f'(x) = 0$
Potenzfunktion	$f(x) = x^n$	$f'(x) = n \cdot x^{n-1}$
natürliche Exponentialfunktion	$f(x) = e^x$	$f'(x) = e^x$
Sinusfunktion	$f(x) = \sin(x)$	$f'(x) = \cos(x)$
Cosinusfunktion	$f(x) = \cos(x)$	$f'(x) = -\sin(x)$

allgemeine Ableitungsregeln

f und g sind differenzierbare Funktionen. Dann gilt für $k \in \mathbb{R}$.

Summenregel	$h(x) = f(x) \pm g(x)$	$h'(x) = f'(x) \pm g'(x)$
Faktorregel	$h(x) = k \cdot f(x)$	$h'(x) = k \cdot f'(x)$
vereinfachte Kettenregel	$h(x) = f(k \cdot x)$	$h'(x) = k \cdot f'(k \cdot x)$

Bsp

Beispiele (mit $r \in \mathbb{R}$ und $\omega \in \mathbb{R}$):

$f(x) = 3x^4 + \frac{2}{3}x^3$ $\qquad$ $f'(x) = 12x^3 + 2x^2$

$f(x) = \frac{5x^3 - 10x + 9}{3}$ $\qquad$ $f'(x) = \frac{15x^2 - 10}{3}$

$k(x) = \frac{3}{5}\sin(x) - 4\cos(x) + 10$ $\qquad$ $k'(x) = \frac{3}{5}\cos(x) + 4\sin(x)$

$f(x) = 5\cos\left(\frac{x}{3}\right) + 4\sin\left(\frac{x}{2}\right)$ $\qquad$ $f'(x) = -\frac{5}{3}\sin\left(\frac{x}{3}\right) + 2\cos\left(\frac{x}{2}\right)$

$p(h) = 1013\,e^{-\frac{h}{8430}}$ $\qquad$ $p'(h) = -\frac{1}{8430} \cdot 1013\,e^{-\frac{h}{8430}}$

$v(t) = \frac{1}{2}(e^{rt} - e^{-rt})$ $\qquad$ $v'(t) = \frac{r}{2}(e^{rt} + e^{-rt})$

$s(t) = r\sin(\omega t)$ $\qquad$ $s'(t) = r\omega\cos(\omega t)$

Hinweise

Tipp zum Ableiten eines Funktionsterms, in dem unterschiedliche Buchstaben vorkommen.

- Schreibe x für die unabhängige Variable. Das ergibt einen Funktionsterm in gewohnter Form.
- Alle anderen Buchstaben in diesem Term sind sogenannte Parameter.
- Ersetze diese Parameter durch konkrete Zahlen, aber nicht durch einfache Zahlen wie 1 oder 2. Diese haben zu spezielle Eigenschaften.
- Leite dann den Term nach der Variablen x ab.
- Mach deine Ersetzungen rückgängig.

$k(l) = \frac{lx^2 - l^2x}{y}$

l ist die unabhängige Variable: ersetze sie durch *x*
x ist ein Parameter: ersetze *x* zum Beispiel durch die Zahl 7
y ist ein Parameter: ersetze *y* zum Beispiel durch die Zahl 5

Schreibe in neuer Form: $k(x) = \frac{x \cdot 49 - x^2 \cdot 7}{5}$ und leite ab: $k'(x) = \frac{49 - 2x \cdot 7}{5}$

Schreibe jetzt statt *x* wieder *l*, statt 7 wieder *x* und statt 5 wieder *y*: $k'(l) = \frac{x^2 - 2 \cdot l \cdot x}{y}$

In **GeoGebra** kannst du im CAS eingeben: „$k(l) := (l*x^2 - l^2*x)/5$“. Dann liefert $k'(l)$ die 1. Ableitung. Beachte bei der Eingabe die Malpunkte!

AN 3: Ableitungsfunktion/Stammfunktion

Zusammenhang Funktion – 1. Ableitung – Stammfunktion

Sei *f* eine differenzierbare und integrierbare Funktion.

f' ist die 1. Ableitung von *f*. Jeder Stelle *x* wird der Differentialquotient $f'(x) = \lim\limits_{\Delta x \to 0} \frac{f(x + \Delta x) - f(x)}{\Delta x}$, also die Steigung der Tangente, zugeordnet.	*F* ist eine **Stammfunktion** von *f*, wenn $F' = f$ gilt. Falls eine Stammfunktion *F* existiert, ist die Funktion *f* integrierbar.

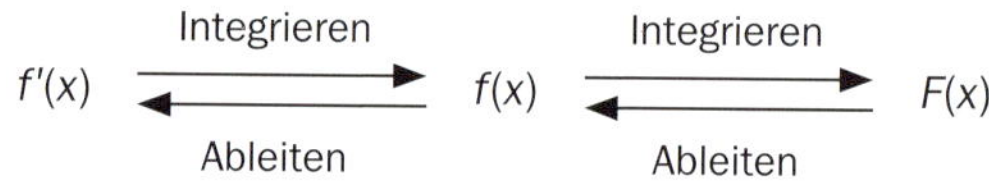

F, *G* sind Stammfunktionen von *f*. Dann folgt:

- unbestimmtes Integral: $\int f(x)\,dx = F(x) + c \quad (c \in \mathbb{R})$
- Differenz zweier Stammfunktionen: $F(x) - G(x) = c \quad (c \in \mathbb{R})$

Eine integrierbare Funktion *f* hat unendlich viele Stammfunktionen. Sie unterscheiden sich jeweils nur um eine **additive Konstante** $c \in \mathbb{R}$, der sogenannten Integrationskonstanten.

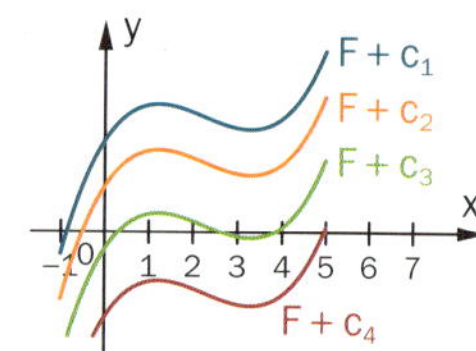

▶ Zum Weiterüben:
Typ-1-Aufgaben zu AN 2 findest du in Thema Mathematik 8, S. 210–211.

Eigenschaften einer Funktion – 1. Ableitung und 2. Ableitung

Für die **Nullstellen** ***x*** einer Funktion *f* gilt: $f(x) = 0$

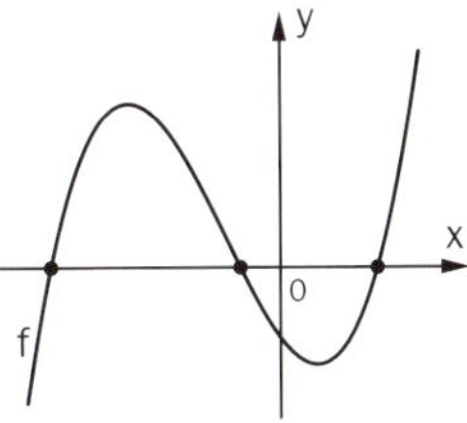

Die 1. Ableitung $f'(x)$ ist die Steigung der Funktion *f* an der Stelle *x*.

Monotonie Eine differenzierbare Funktion *f* ist in einem Intervall I

- streng monoton wachsend, wenn $f'(x) > 0$ für $x \in I$.
- streng monoton fallend, wenn $f'(x) < 0$ für $x \in I$.

lokale Extremstellen An einer lokalen Extremstelle x_0 ändert sich die Monotonie der Funktion, d. h. $f'(x_0) = 0$ und $f''(x_0) \neq 0$.

Maximumstelle: $f'(x_0) = 0$ und $f''(x_0) < 0$

Minimumstelle: $f'(x_0) = 0$ und $f''(x_0) > 0$

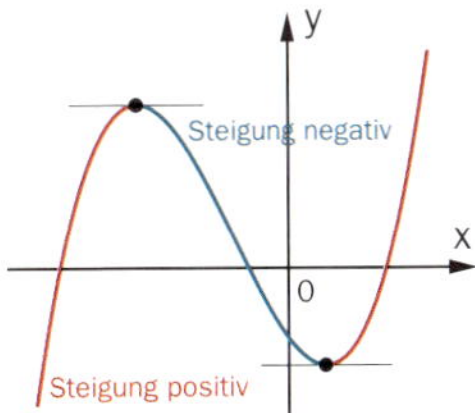

Die 2. Ableitung $f''(x)$ ist die Krümmung der Funktion *f* an der Stelle *x*.

Krümmungsverhalten *f* ist in einem Intervall I

positiv (links)gekrümmt: $f''(x) > 0$ für $x \in I \Rightarrow$ Steigung nimmt zu

negativ (rechts)gekrümmt: $f''(x) < 0$ für $x \in I \Rightarrow$ Steigung nimmt ab

Wendestelle An einer Wendestelle x_0 ändert sich das Vorzeichen der Krümmung der Funktion, d. h. $f''(x_0) = 0$ und $f'''(x_0) \neq 0$.

Der entsprechende Punkt $W = (x_0 | f(x_0))$ heißt **Wendepunkt**.

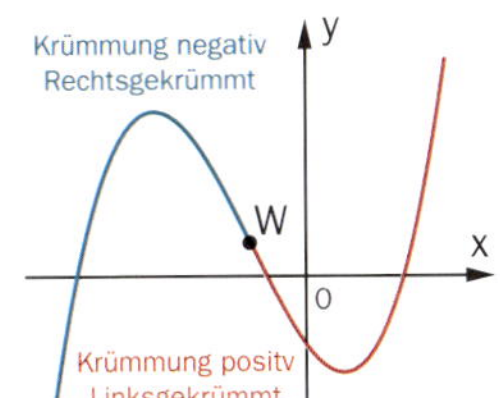

Wendetangente Tangente an die Funktion *f* an einer Wendestelle

Sattelpunkt oder **Terrassenpunkt** Wendepunkt mit waagrechter Wendetangente

Hinweise

Tangenten drehen nach rechts
Steigungen nehmen ab

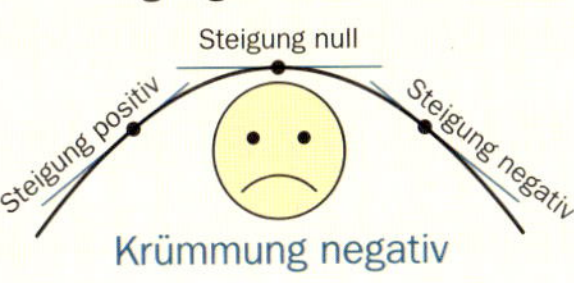

Krümmung positiv

Steigung negativ

Steigung positiv

Steigung null

Steigungen nehmen zu
Tangenten drehen nach links

Eigenschaft der Funktion	1. Ableitung	2. Ableitung
lokale Maximumstelle bei x	$f'(x) = 0$	$f''(x) < 0$
lokale Minimumstelle bei x	$f'(x) = 0$	$f''(x) > 0$
Sattelstelle bei x	$f'(x) = 0$	$f''(x) = 0$
str. mon. wachsend in $(a; b)$	$f'(x) > 0$ für $x \in (a; b)$	–
str. mon. fallend in $(a; b)$	$f'(x) < 0$ für $x \in (a; b)$	–
Wendestelle bei x	lokale Extremstelle bei x	$f''(x) = 0$
linksgekrümmt in $(a; b)$	str. mon. wachsend in $(a; b)$	$f''(x) > 0$ für $x \in (a; b)$
rechtsgekrümmt in $(a; b)$	str. mon. fallend in $(a; b)$	$f''(x) < 0$ für $x \in (a; b)$

Bsp

Gegeben ist der Ausschnitt des Graphen einer Polynomfunktion 3. Grades:

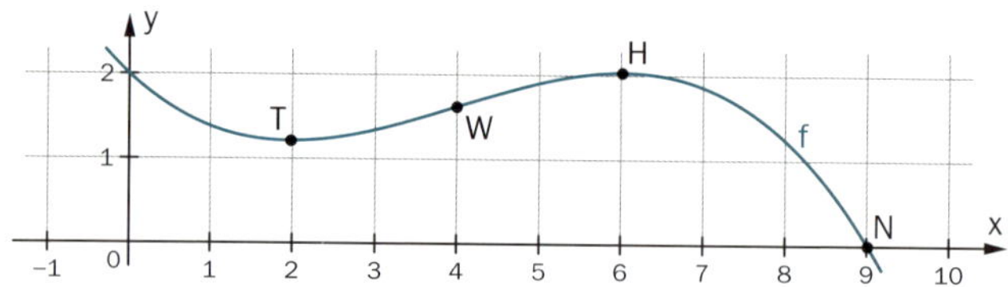

1. Nullstelle: $f(x) = 0$ bei $x = 9$
2. Monotonie: str. mon. fallend für $x \in (-\infty; 2)$ und $x \in (6; \infty)$
   str. mon. steigend für $x \in (2; 6)$
3. Extremstellen: $f'(x) = 0$ bei $x = 2$ und $x = 6$
   $f''(2) > 0 \Rightarrow T = (2|1{,}2)$ und $f''(6) < 0 \Rightarrow H = (6|2)$
4. Wendestelle: $f''(x) = 0$ bei $x = 4$ und $f'''(4) \neq 0 \Rightarrow W = (4|1{,}6)$
5. Krümmung: positiv (links)gekrümmt für $x < 4$
   negativ (rechts)gekrümmt für $x > 4$

Hinweise

- Die 1. Ableitung der vorigen Polynomfunktion 3. Grades ist eine quadratische Funktion. Sie hat ihre Nullstellen bei $x = 2$ und $x = 6$ und ihren Hochpunkt bei $x = 4$.
- Die 2. Ableitung ist eine lineare Funktion mit Nullstelle bei $x = 4$. Die zweite Ableitung ist links von der Nullstelle positiv und rechts von der Nullstelle negativ und ergibt sich als Ableitung der 1. Ableitung.

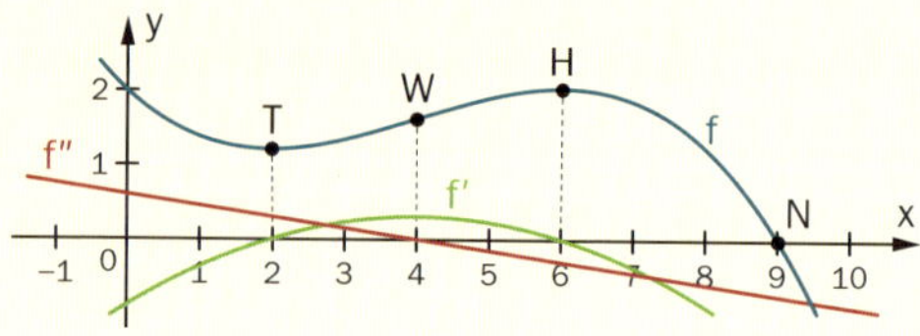

Bsp Gegeben ist ein Ausschnitt des Graphen einer linearen Funktion f.

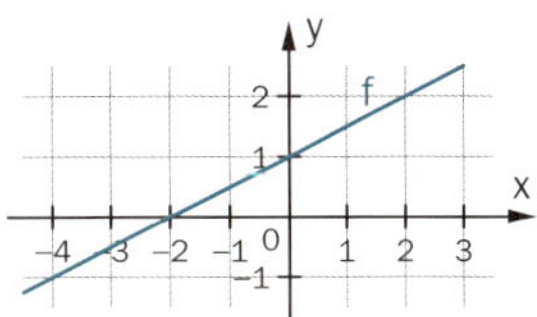

Zeichne den Graphen

(1) der 1. Ableitung f'.

Die Steigung ist überall gleich 0,5.

f' ist eine konstante Funktion

(2) einer Stammfunktion F.

Ist $x < -2$, dann $F'(x) = f(x) < 0 \Rightarrow$ F ist für $x < -2$ str. mon. fallend.

$f(-2) = 0 \Rightarrow x = -2$ ist Extremstelle von $F \Rightarrow$ Zeichne einen Tiefpunkt bei $x = -2$, z. B. $(-2|-1)$.

Ist $x > -2$, dann $F'(x) = f(x) > 0 \Rightarrow$ F ist für $x > -2$ str. mon. steigend.

F ist eine quadratische Funktion mit Minimumstelle bei $x = -2$.

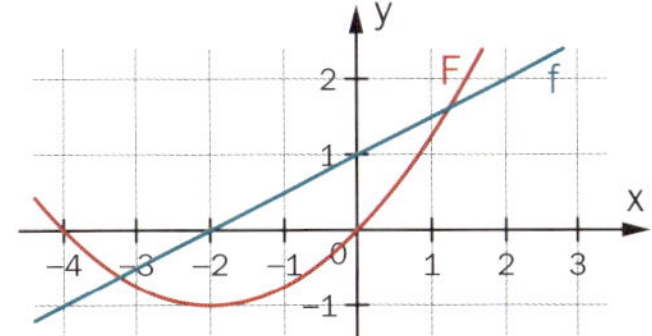

Bsp Gegeben ist ein Ausschnitt des Graphen einer quadratischen Funktion f.

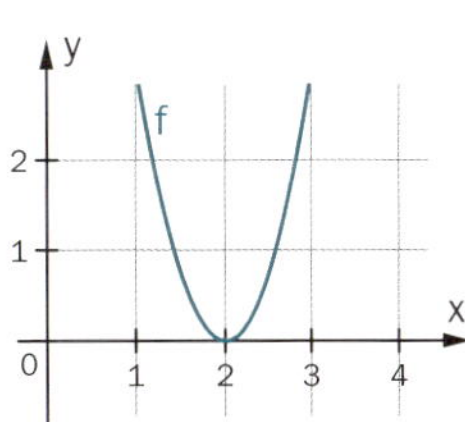

Zeichne den Graphen

(1) der 1. Ableitung f'.

$x = 2$ ist Minimumstelle von f $\Rightarrow f'(2) = 0$

f ist für $x < 2$ str. mon. fallend $\Rightarrow$ $f'(x) < 0$ für $x < 2$

f ist für $x > 2$ str. mon. steigend $\Rightarrow$ $f'(x) > 0$ für $x > 2$

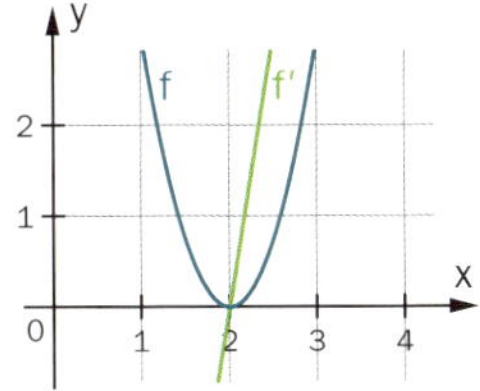

(2) einer Stammfunktion F.

Ist $x < 2$ oder $x > 2$, dann $F'(x) = f(x) > 0 \Rightarrow$ F ist für $x < 2$ und $x > 2$ str. mon. wachsend

$f(2) = 0$ und $f'(2) = 0 \Rightarrow x = 2$ ist Sattelstelle von $F \Rightarrow$ Zeichne einen Terrassenpunkt bei $x = 2$, z. B. $(2|2)$.

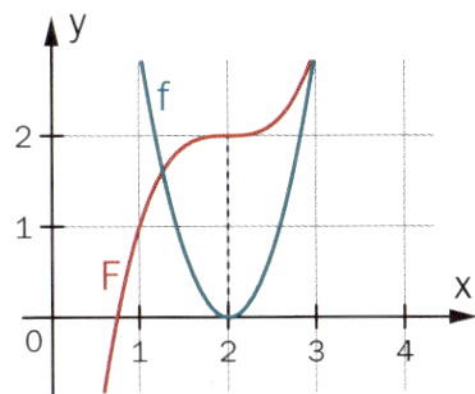

Bsp Gegeben ist ein Ausschnitt des Graphen einer quadratischen Funktion f.

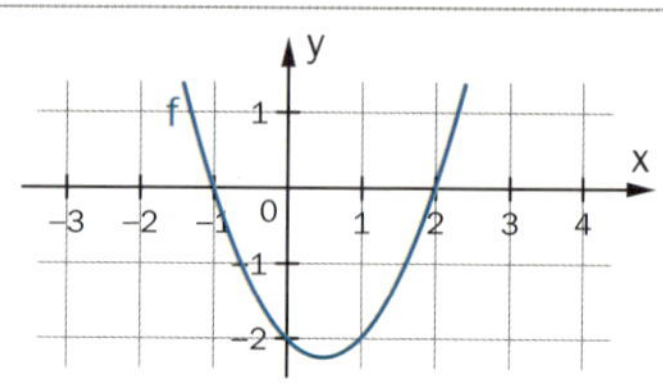

Zeichne den Graphen

(1) der 1. Ableitung f'

$x = 0{,}5$ ist Minimumstelle von $f \Rightarrow f'(0{,}5) = 0$

f ist für $x < 0{,}5$ str. mon. fallend $\Rightarrow f'(x) < 0$ für $x < 0{,}5$

f ist für $x > 0{,}5$ str. mon. steigend $\Rightarrow f'(x) > 0$ für $x > 0{,}5$

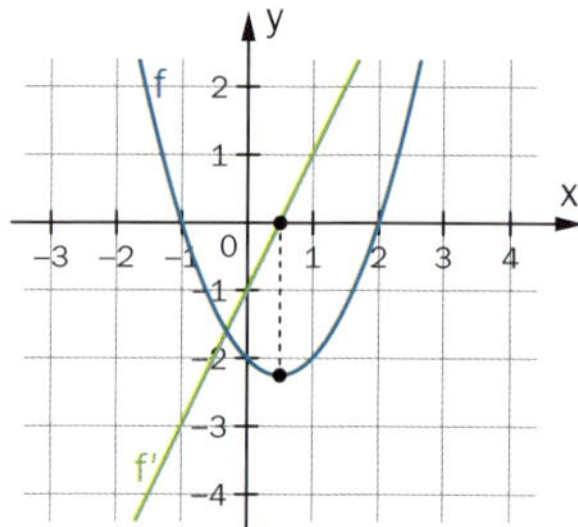

(2) einer Stammfunktion F.

Ist $x < -1$, dann $F'(x) = f(x) > 0 \Rightarrow$ F ist für $x < -1$ str. mon. wachsend

$f(-1) = 0 \Rightarrow x = -1$ ist Extremstelle von $F \Rightarrow$ Zeichne einen Hochpunkt bei $x = -1$; z. B. $(-1\,|\,1{,}2)$.

Ist $-1 < x < 2$, dann $F'(x) = f(x) < 0$ $\Rightarrow$ F ist für $-1 < x < 2$ str. mon. fallend

$f(2) = 0 \Rightarrow x = 2$ ist Extremstelle von $F \Rightarrow$ Zeichne einen Tiefpunkt bei $x = 2$; z. B. $(2\,|\,-3{,}3)$.

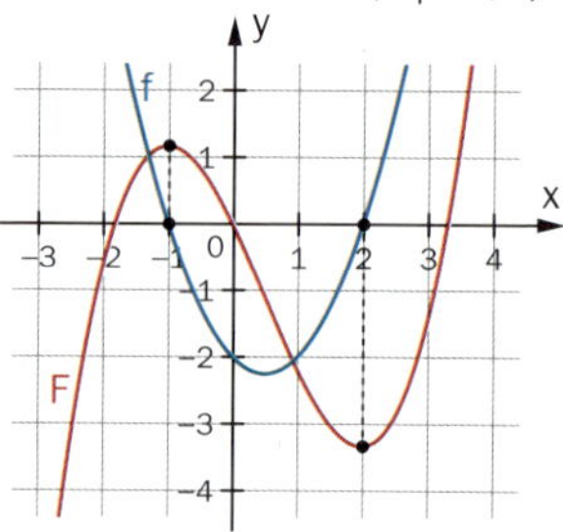

Zusammenhang Funktion f – Ableitung f':

Funktion f	Ableitung f'
x ist eine lokale Extremstelle von f.	x ist eine Nullstelle von f'.
f ist in $(a; b)$ str. mon. wachsend.	f' ist in $(a; b)$ positiv.
f ist in $(a; b)$ str. mon. fallend.	f' ist in $(a; b)$ negativ.
x ist eine Wendestelle von f.	x ist eine lokale Extremstelle von f'.
f ist in $(a; b)$ positiv (links)gekrümmt.	f' ist in $(a; b)$ str. mon. wachsend.
f ist in $(a; b)$ negativ (rechts)gekrümmt.	f' ist in $(a; b)$ str. mon. fallend.

Zusammenhang Funktion f – Stammfunktion F:

Funktion f	Stammfunktion F
x ist eine Nullstelle von f.	x ist mögliche lokale Extremstelle von F.
f ist in $(a; b)$ positiv.	F ist in $(a; b)$ str. mon. wachsend.
f ist in $(a; b)$ negativ.	F ist in $(a; b)$ str. mon. fallend.
x ist eine lokale Extremstelle von f.	x ist eine Wendestelle von F.
f ist in $(a; b)$ str. mon. wachsend.	F ist in $(a; b)$ positiv (links)gekrümmt.
f ist in $(a; b)$ str. mon. fallend.	F ist in $(a; b)$ negativ (rechts)gekrümmt.

▶ Zum Weiterüben:
Typ-1-Aufgaben zu AN 3 findest du in Thema Mathematik 8, S. 211–217.

AN 4: Summation und Integral

Bestimmtes Integral, Flächeninhalt und Produktsumme

Wir betrachten eine Funktion f, deren Funktionswerte auf einem Intervall $[a; b]$ nicht negativ sind, z. B. $f(x) = \sqrt{x}$ auf dem Intervall $[0; 9]$, und den vom Funktionsgraphen mit der x-Achse eingeschlossenen Flächeninhalt A.

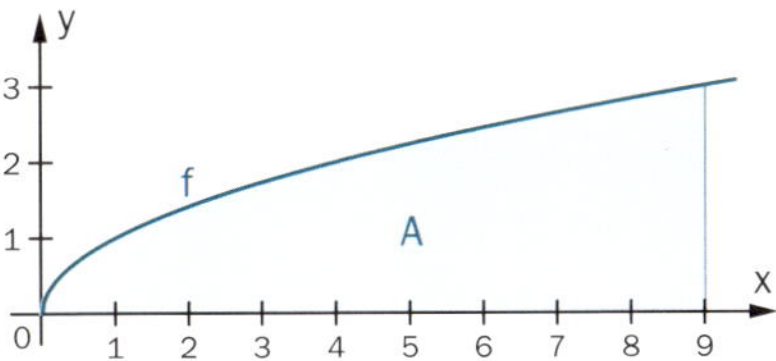

Wir unterteilen das Intervall $[0; 9]$ in n Teilintervalle. Der Flächeninhalt A wird durch n Rechtecksstreifen der Breite $\Delta x = \frac{9}{n}$ angenähert.

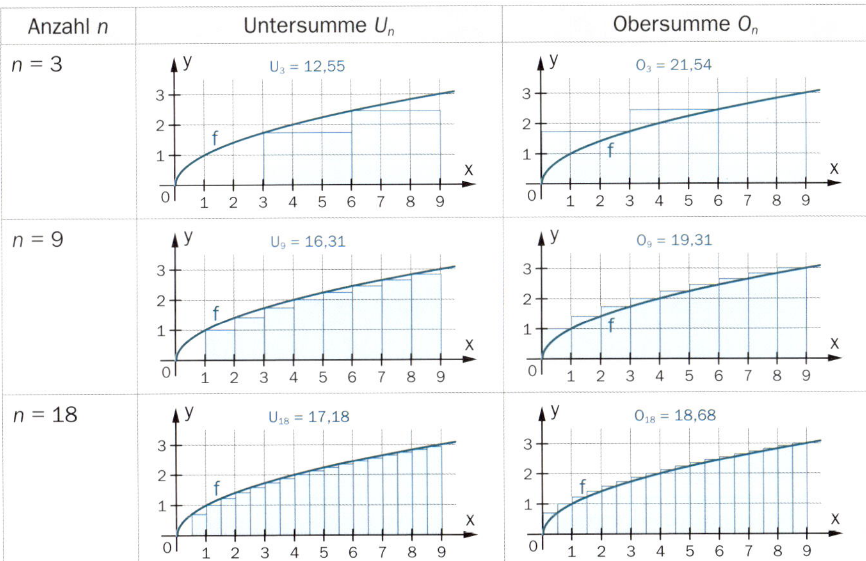

Anzahl n	Untersumme U_n	Obersumme O_n
$n = 3$	$U_3 = 12{,}55$	$O_3 = 21{,}54$
$n = 9$	$U_9 = 16{,}31$	$O_9 = 19{,}31$
$n = 18$	$U_{18} = 17{,}18$	$O_{18} = 18{,}68$

Da in diesem Beispiel die Funktion f streng monoton wachsend ist, sind die Untersummen auch **Linkssummen** und die Obersummen auch **Rechtssummen**.

Das bestimmte Integral

Für eine auf dem Intervall $[a; b]$ stetige Funktion f gilt:
Wenn O_n und U_n beide zum selben Grenzwert konvergieren, ist dadurch das bestimmte **Integral** in den Grenzen von a bis b definiert:

$$\int_a^b f(x)\,dx = \lim_{n \to \infty} \sum_{i=1}^{n} f(x_i)\,\Delta x \qquad \Delta x = \frac{b-a}{n}, \quad x_i = a + i \cdot \Delta x$$

a, b … **Integrationsgrenzen** $\qquad f$ … **Integrand**

Hinweise

- Das bestimmte Integral ist näherungsweise eine Summe von Produkten der Form $f(x_i) \cdot \Delta x$.
- Je größer die Anzahl der Summanden n, umso kleiner ist $\Delta x = \frac{b-a}{n}$, umso genauer die Näherung.

Das bestimmte Integral als Flächeninhalt

1. Fall: f hat keine negativen Funktionswerte auf $[a; b]$:

$\int_a^b f(x)\,dx$ ist der Inhalt der in der Abbildung markierten Fläche zwischen dem Graphen und der x-Achse.

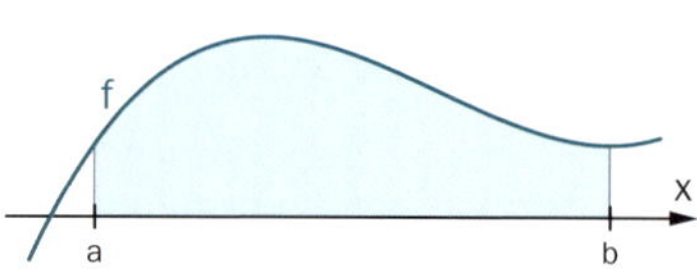

2. Fall: f hat im Intervall $[a; b]$ auch negative Funktionswerte:

$\int_a^b f(x)\,dx$ ist der Flächeninhalt der blauen Flächen minus der roten Flächen und stellt daher eine Flächenbilanz dar.

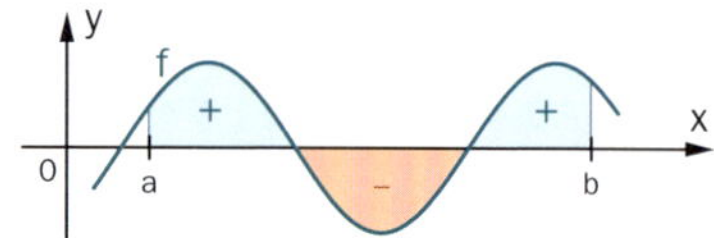

Bsp

Gegeben ist die Funktion f mit $\int_{-2}^{4} f(x)\,dx = 2$.

A_1 liegt unterhalb der x-Achse $\Rightarrow$ A_1 zählt negativ

A_2 liegt oberhalb der x-Achse $\Rightarrow$ A_2 zählt positiv

$\int_{-2}^{4} f(x)\,dx = 2$ bedeutet daher:

Die Fläche A_2 ist um 2 E^2 größer als die Fläche A_1.

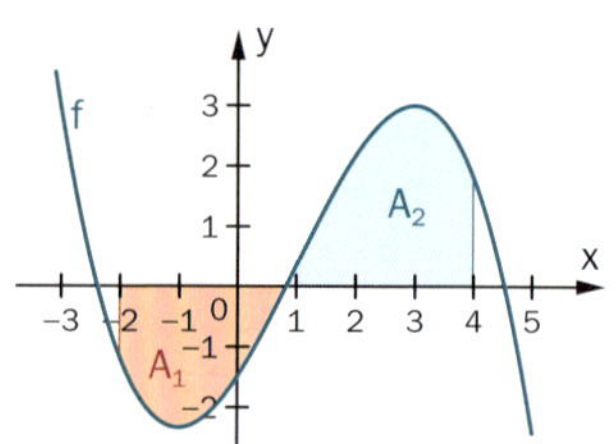

Integrationsregeln

Spezielle Integrationsregeln

für $k \in \mathbb{R}$, $r \in \mathbb{R}$

	Funktion	Stammfunktion
konstante Funktion	$f(x) = k$	$F(x) = k \cdot x$
Potenzfunktion	$f(x) = x^r$ $(r \neq -1)$ $f(x) = \frac{1}{x}$	$F(x) = \frac{1}{r+1} x^{r+1}$ $F(x) = \ln(x)$
natürliche Exponentialfunktion	$f(x) = e^x$	$F(x) = e^x$
Sinusfunktion	$f(x) = \sin(x)$	$F(x) = -\cos(x)$
Cosinusfunktion	$f(x) = \cos(x)$	$F(x) = \sin(x)$

Allgemeine Integrationsregeln

F und G sind Stammfunktionen von f bzw. von g. Dann gilt für $k \in \mathbb{R}$.

	Funktion	Stammfunktion
Summenregel	$h(x) = f(x) \pm g(x)$	$H(x) = F(x) \pm G(x)$
Faktorregel	$h(x) = k \cdot f(x)$	$H(x) = k \cdot F(x)$
vereinfachte Substitution	$h(x) = f(k \cdot x)$	$H(x) = \frac{1}{k} \cdot F(k \cdot x)$

Bsp

Berechne das unbestimmte Integral $\int (xy^3 - 3y^2)\,dy$.

Beachte, dass y die Integrationsvariable ist und x nur ein Parameter.

Gemäß Potenzregel ist $\int y^3\,dy = \frac{1}{4}y^4 + c$ und $\int y^2\,dy = \frac{1}{3}y^3 + c$.

Daher: $\int (xy^3 - 3y^2)\,dy = \frac{x}{4}y^4 - y^3 + c$

Hinweis

Das unbestimmte Integral ist die Menge aller Stammfunktionen, die sich jeweils nur um eine reelle Zahl c unterscheiden. Die **additive Konstante** c nennt man Integrationskonstante.

Berechnen bestimmter Integrale

Ist F eine Stammfunktion von f, dann gilt: $\int_a^b f(x)\,dx = F(b) - F(a)$

Hinweis

Das bestimmte Integral ist keine Funktion, sondern eine reelle Zahl.

Bsp

Berechne das bestimmte Integral $\int_0^9 \sqrt{x}\,dx$.

Der Integrand ist $f(x) = \sqrt{x} = x^{\frac{1}{2}}$. Verwende die Potenzregel für $r = \frac{1}{2}$:

$F(x) = \frac{2}{3}x^{\frac{3}{2}}$ und daher $\int_0^9 \sqrt{x}\,dx = \frac{2}{3}x^{\frac{3}{2}}\Big|_0^9 = \frac{2}{3} \cdot 9^{\frac{3}{2}} = 18$

Hinweis

Das soeben berechnete Integral kann als Flächeninhalt der Fläche zwischen Funktionsgraphen und x-Achse gedeutet werden, weil im Intervall [0; 9] keine negativen Funktionswerte auftreten.

Sowohl Stammfunktionen, als auch bestimmte Integrale können mittels Technologie bestimmt werden. Benutze z. B. GeoGebra:

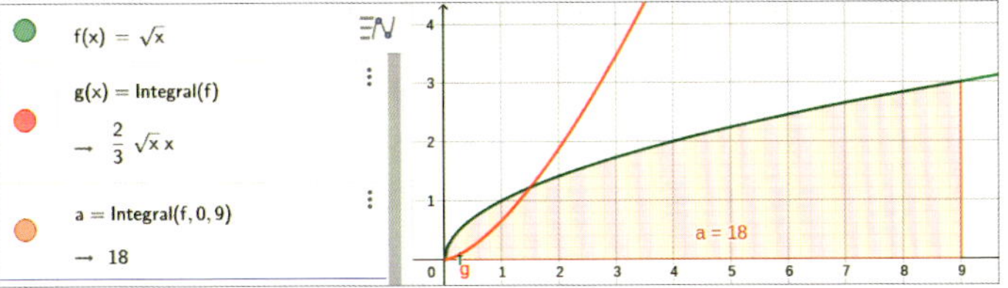

Eigenschaften bestimmter Integrale

Summenregel	$\int_a^b [f(x) + g(x)]\,dx = \int_a^b f(x)\,dx + \int_a^b g(x)\,dx$
Konstantenregel ($k \in \mathbb{R}$)	$\int_a^b k \cdot f(x)\,dx = k \cdot \int_a^b f(x)\,dx$ $\quad k$ … **multiplikative Konstante**
benachbarte Intervalle	$\int_a^b f(x)\,dx + \int_b^c f(x)\,dx = \int_a^c f(x)\,dx$
Intervalllänge 0	$\int_a^a f(x)\,dx = 0$
Grenzen vertauschen	$\int_a^b f(x)\,dx = -\int_b^a f(x)\,dx$

Berechnen von Flächeninhalten durch bestimmte Integrale

Fläche zwischen Funktionsgraph und *x*-Achse

Der Flächeninhalt *A* unter dem Graphen einer nichtnegativen Funktion *f* im Intervall [*a*; *b*] ist das bestimmte Integral:

$$A = \lim_{\Delta x \to 0} \sum_i f(x_i) \cdot \Delta x = \int_a^b f(x)\,dx$$

Hinweis

Das bestimmte Integral ist negativ, wenn die Funktionswerte negativ sind. Berechne daher den Flächeninhalt, den der Graph einer Funktion mit der *x*-Achse einschließt, von Nullstelle zu Nullstelle.

Bsp

Gesucht ist der Flächeninhalt, den der Graph der Funktion *f* mit $f(x) = 0{,}2x^3 - x^2 - 0{,}8x + 4$ im Intervall [−2; 3] mit der *x*-Achse einschließt.

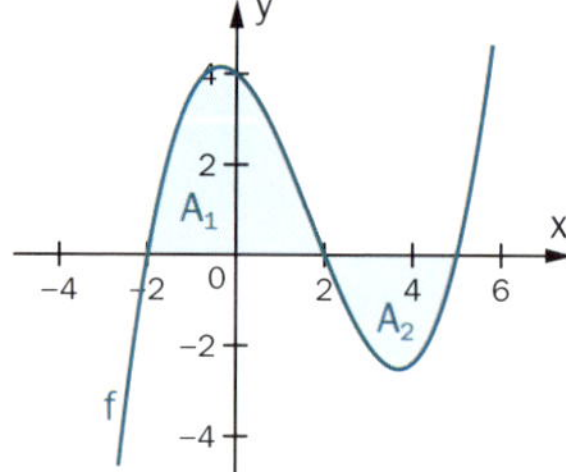

1. Nullstellen: $f(x) = 0 \Rightarrow x_1 = -2,\; x_2 = 2$ und $x_3 = 5$
2. A_1 ist der Flächeninhalt im Intervall [−2; 2]:
   $$A1 = \int_{-2}^{2} (0{,}2x^3 - x^2 - 0{,}8x + 4)\,dx = 0{,}05x^4 - \tfrac{1}{3}x^3 - 0{,}4x^2 + 4x\,\Big|_{-2}^{2} = \frac{32}{3}$$
3. Das rechte Flächenstück liegt unterhalb der x-Achse. Sein Flächeninhalt A_2 ist daher der Betrag des bestimmten Integrals von 2 bis 5:
   $$A_2 = \left|\int_2^5 (0{,}2x^3 - x^2 - 0{,}8x + 4)\,dx\right| = \left|0{,}05x^4 - \tfrac{1}{3}x^3 - 0{,}4x^2 + 4x\,\Big|_2^5\right| = 4{,}95$$
4. Gesamter Flächeninhalt $A = \frac{32}{3} + 4{,}95 \approx 15{,}6$ FE

Fläche zwischen zwei Funktionsgraphen

Seien f und g integrierbare Funktionen mit $f(x) \geq g(x)$ für alle $x \in [a; b]$.
Für den im Intervall $[a; b]$ eingeschlossenen Flächeninhalt A gilt:

$$A = \int_a^b [f(x) - g(x)]\,dx$$

Bsp Die Graphen der Funktionen f mit $f(x) = -x^2 + 6x - 6$ und g mit $g(x) = x - 2$ schneiden einander an den Stellen $x_1 = 1$ und $x_2 = 4$.

Gesucht ist der Inhalt A der von den Graphen umschlossenen Fläche.

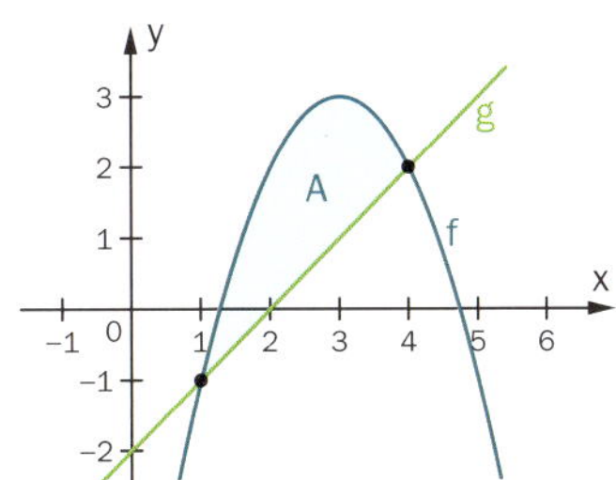

1. Integrand bestimmen:
   $f(x) - g(x) = (-x^2 + 6x - 6) - (x - 2) = -x^2 + 5x - 4$

2. Flächeninhalt berechnen:
   $A = \int_1^4 [f(x) - g(x)]\,dx = \int_1^4 (-x^2 + 5x - 4)\,dx = -\frac{1}{3}x^3 + \frac{5}{2}x^2 - 4x \Big|_1^4 = 4{,}5$

Hinweis Beim Berechnen einer Fläche, die von zwei Funktionsgraphen eingeschlossen wird, sind die x-Koordinaten der Schnittpunkte die Integrationsgrenzen. Beachte, welcher Funktionsgraph von der x-Achse weiter entfernt ist. Diese Funktion wurde oben mit f bezeichnet. Die Nullstellen der Funktionen spielen bei der Berechnung keine Rolle.

Bestimmte Integrale in verschiedenen Kontexten

Die Interpretation eines bestimmten Integrals hängt vom Kontext ab.

Kontext	Produktsumme	Bedeutung des bestimmten Integrals
Geschwindigkeit $v(t)$	$\sum_{i=1}^{n} v(t_i)\,\Delta t$	Positionsänderung (bei $v \geq 0$: zurückgelegter Weg)
Beschleunigung $a(t)$	$\sum_{i=1}^{n} a(t_i)\,\Delta t$	Geschwindigkeitsdifferenz
Leistung $P(t)$	$\sum_{i=1}^{n} P(t_i)\,\Delta t$	Arbeit (Energie)
Kraft $F(x)$	$\sum_{i=1}^{n} F(x_i)\,\Delta x$	Arbeit (Energie)

Hinweise

Beachte, dass das bestimmte Integral auch eine Einheit hat.
Die Einheit des bestimmten Integrals ist das Produkt der Einheit der Funktionswerte und der unabhängigen Variablen.

Beispiele:

- $v(t)$: v in km/h; t in h; daher $\int_{t_1}^{t_2} v(t)\,dt$ in $\frac{\text{km}}{\text{h}} \cdot \text{h} = \text{km}$
- $v(t)$: v in m/s; t in s; daher $\int_{t_1}^{t_2} v(t)\,dt$ in $\frac{\text{m}}{\text{s}} \cdot \text{s} = \text{m}$
- $v(t)$: v in km/h; t in s; daher $\int_{t_1}^{t_2} v(t)\,dt$ in $\frac{\text{km}}{\text{h}} \cdot \text{s} = \frac{\text{km}}{3600\,\text{s}} \cdot \text{s} = \frac{\text{km}}{3600}$
- $P(t)$: P in W; t in s; daher $\int_{t_1}^{t_2} P(t)\,dt$ in $\text{W} \cdot \text{s} = \text{J}$ (Joule)
- $P(t)$: P in kW; t in s; daher $\int_{t_1}^{t_2} P(t)\,dt$ in $\text{kW} \cdot \text{s} = \frac{1000\,\text{J}}{\text{s}} \cdot \text{s} = \text{kJ}$ (kiloJoule)
- $P(t)$: P in W; t in h; daher $\int_{t_1}^{t_2} P(t)\,dt$ in $\text{W} \cdot \text{h} = \frac{\text{J}}{\text{s}} \cdot 3600\,\text{s} = 3600\,\text{J}$

Bsp

Ein Fluss führt durchschnittlich etwa 30 m^3 Wasser pro Sekunde. Nach einem Gewitterregen wird die Durchflussmenge W für acht Stunden beobachtet.

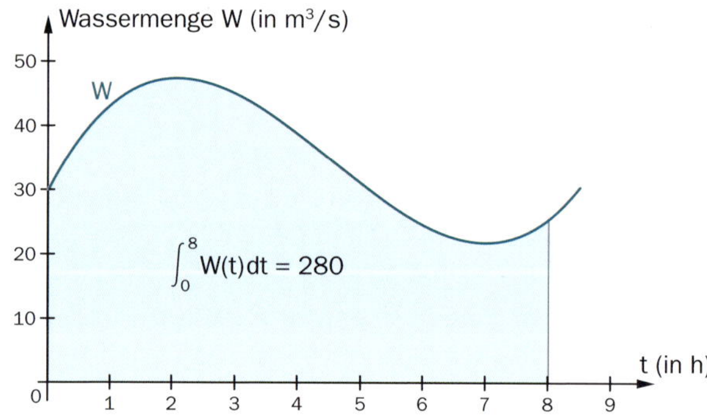

Das markierte bestimmte Integral hat den Zahlenwert 280.

Einheit der unabhängigen Variablen t: Stunde h
Einheit der Funktionswerte W: Kubikmeter pro Sekunde $\frac{\text{m}^3}{\text{s}}$

$\Rightarrow$ Einheit des bestimmten Integrals: $\frac{\text{m}^3}{\text{s}} \cdot \text{h} = \frac{\text{m}^3}{\text{s}} \cdot 3600\,\text{s} = 3600\,\text{m}^3$

Interpretation des bestimmten Integrals:
In diesen acht Stunden fließen $280 \cdot 3600\,\text{m}^3 = 1\,008\,000\,\text{m}^3$ Wasser an der Beobachtungsstelle vorbei.

▶ Zum Weiterüben:
Typ-1-Aufgaben zu AN 4 findest du in Thema Mathematik 8, S. 218–221.

Wahrscheinlichkeit und Statistik

WS 1: Beschreibende Statistik

Tabellen und Diagramme

Statistische Daten Zahlen oder Merkmale, die z. B. bei Umfragen erhoben werden
z. B. wie oft gehen Personen in Wien pro Monat ins Kino

Grundgesamtheit Menge aller für eine Fragestellung relevanten Objekte
z. B. alle in Wien lebenden Personen

Konkret wird nur eine Stichprobe befragt.

Urliste (**ungeordnete**) **Liste** der erhobenen Daten

Stichprobenumfang Anzahl *n* der erhobenen Daten

Hinweis

Eine Stichprobe soll für die Grundgesamtheit repräsentativ sein, auch wenn sie meist nur einen kleinen Teil der Grundgesamtheit umfasst.

absolute Häufigkeit gibt an, wie oft ein Merkmal vorkommt
z. B. 24 Personen werden gefragt, ob sie Rechts- oder Linkshänder sind: RRRRRLRRRLRRRRRRRLRRRRRR. Die absolute Häufigkeit der Rechtshänder ist 21, die absolute Häufigkeit der Linkshänder ist 3.

relative Häufigkeit $= \frac{\text{absolute Häufigkeit}}{\text{Stichprobenumfang}}$
z. B. Von 24 Personen sind 21 Rechtshänder $\Rightarrow \frac{21}{24} = 0{,}875$ der Befragten sind Rechtshänder. Ihr relativer Anteil ist 87,5 %

Bsp

Von 250 Personen wurde die Blutgruppe festgestellt: 107 hatten Blutgruppe A, 35 Blutgruppe B, 92 Blutgruppe 0 und der Rest Blutgruppe AB.

Blutgruppe A: rel. Häufigkeit $= \frac{107}{250} = 0{,}428 = 42{,}8\,\%$

Blutgruppe B: rel. Häufigkeit $= \frac{35}{250} = 0{,}14 = 14\,\%$

Blutgruppe 0: rel. Häufigkeit $= \frac{92}{250} = 0{,}368 = 36{,}8\,\%$

Blutgruppe AB: rel. Häufigkeit $= 100\,\% - 42{,}8\,\% - 14\,\% - 36{,}8\,\% = 6{,}4\,\%$

Absolute und relative Häufigkeiten können mit unterschiedlichen Diagrammen dargestellt werden. Achte jeweils genau auf die Beschriftung und Skalierung der Achsen.

Säulendiagramm

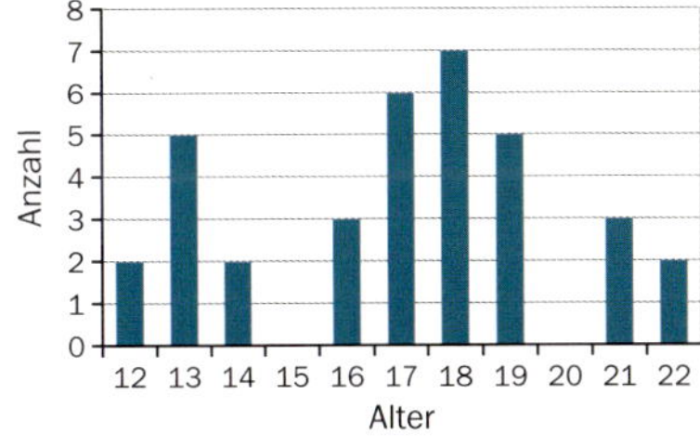

Hier wird die Altersverteilung einer Gruppe im Diagramm dargestellt: 2 Personen sind 12 Jahre alt, 5 Personen sind 13 Jahre alt, usw.

Balkendiagramm

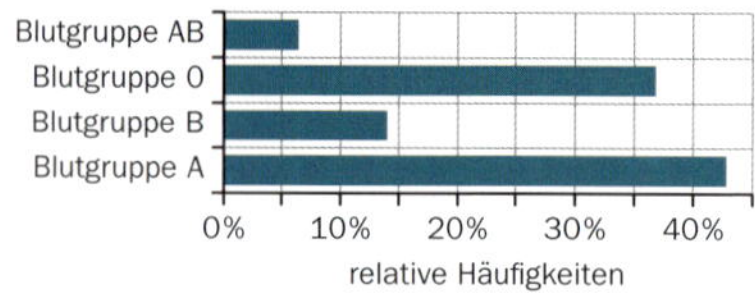

Dieses Balkendiagramm zeigt, mit welcher relativen Häufigkeit Blutgruppen in einer Grundgesamtheit vorkommen: Die Blutgruppe AB ist mit nur 6 % am seltensten.

Liniendiagramm

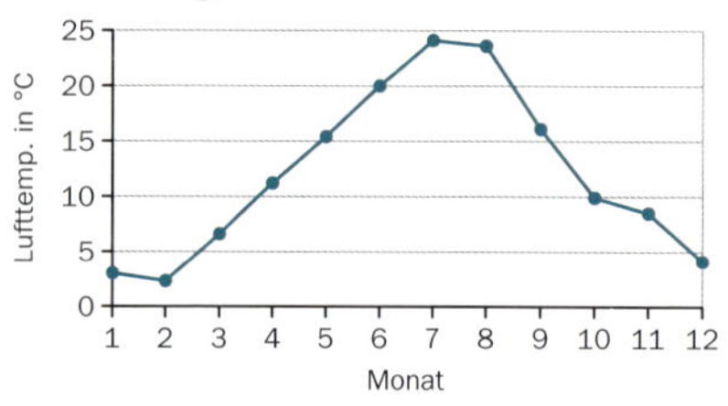

Liniendiagramme eignen sich besonders gut für die Darstellung zeitlicher Verläufe. Hier ist die durchschnittliche Monatstemperatur für Wien für den Verlauf eines Kalenderjahres dargestellt.

Punktwolkendiagramm

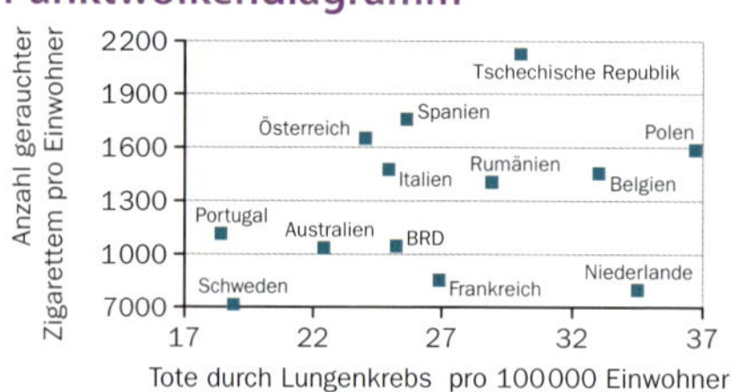

Bei diesem Diagramm wird untersucht, ob zwischen zwei Größen ein Zusammenhang besteht. Hier: Hängt die Anzahl der Toten pro 100 000 Einwohner durch Lungenkrebs davon ab, wie viele Zigaretten pro Einwohnerin/Einwohner geraucht werden? Das Diagramm zeigt einen nur losen Zusammenhang.

Prozentstreifen

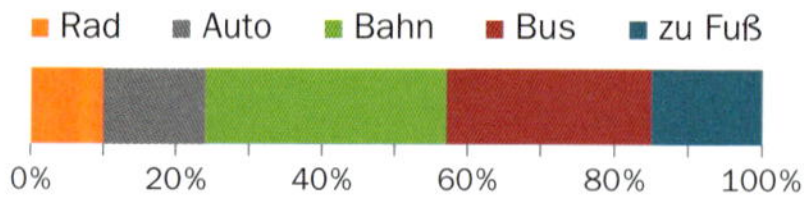

Prozentstreifen und Kreisdiagramme sind gut geeignet, um die relative Verteilung einzelner Merkmale sichtbar zu machen. In diesem Fall sieht man, wie groß der Anteil der einzelnen Verkehrsmittel (Rad, Auto, Bahn, usw.) bei den Schülerinnen und Schülern einer Schule ist.

Kreisdiagramm

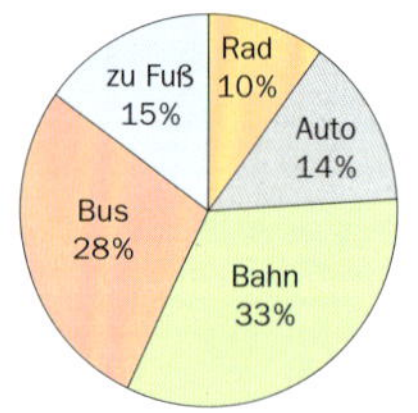

Stängel-Blatt-Diagramm

14	0 3 6 9
15	1 4 4 8 8
16	2 3 6 6 9
17	0 6 8

Die Körpergröße von 17 Personen wird hier dargestellt. Die kleinste Person ist 140 cm, die größte Person ist 178 cm groß. Mittlere Größen treten häufiger auf.

Piktogramm

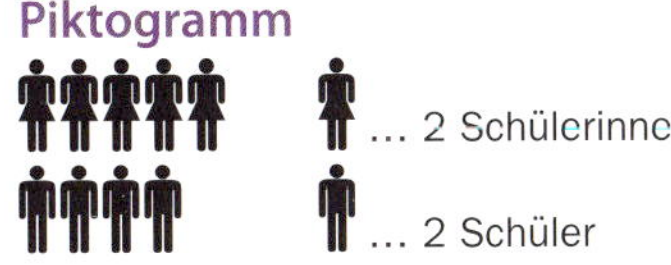

In der Statistik stellen Piktogramme einfache Größenvergleiche dar. Jedes Symbol entspricht einer bestimmten Quantität. Hier wird eine Gruppe mit 10 Schülerinnen und 8 Schülern dargestellt.

Boxplot

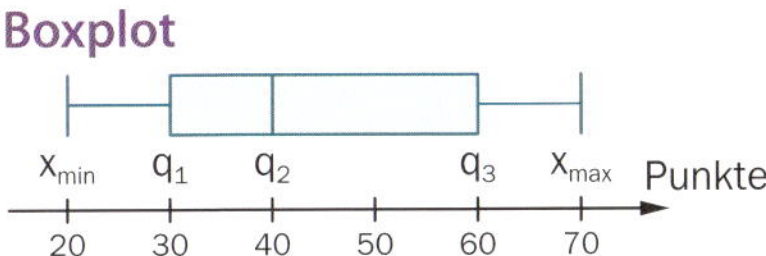

In einem Boxplot werden das Minimum, das Maximum und die Quartile q_1, $q_2 = \tilde{x}$ und q_3 dargestellt (vgl. S. 78)

Histogramm

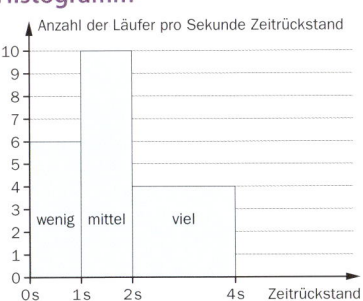

Anzahl der Läufer pro Sekunde Zeitrückstand

0 1 2 3 4 5 6 7 8 9 10

wenig mittel viel

0 s 1 s 2 s 4 s Zeitrückstand

Die Säulen werden ohne Abstand nebeneinander gezeichnet. Ihr Flächeninhalt entspricht der absoluten oder der relativen Häufigkeit der Klassen: Bei einem Slalomrennen haben sechs Läufer einen Zeitrückstand von weniger als 1 s auf den Sieger, zehn Läufer mind. 1 s und weniger als 2 s und die anderen acht Läufer mind. 2 s bis maximal 4 s.

Herr Hansen hat zum Teil in Wertpapiere und zum anderen Teil in einen Aktienfonds investiert. Im Aktienfonds befinden sich Aktien von drei Firmen *A*, *B* und *C*.

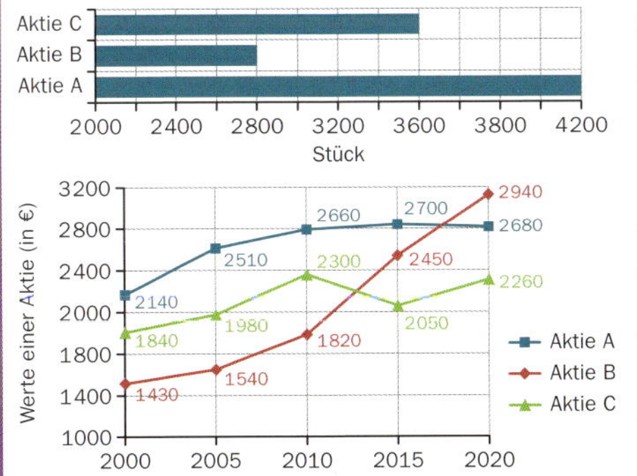

Das Balkendiagramm zeigt, wie viel Stück Aktien er jeweils besitzt.

Im Liniendiagramm wird die Wertentwicklung dieser Aktien dargestellt.

Wir berechnen, wie viel Herr Hansen im Jahr 2015 in Wertpapiere investiert hatte, wenn sein Vermögen zu diesem Zeitpunkt 34,5 Mio. € betrug.

Liniendiagramm:
2015 kostete Aktie *A*: 2 700 €; Aktie *B*: 2 450 €; Aktie *C*: 2 050 €.

Balkendiagramm: Herr Hansen besitzt 4 200 Stück der Aktie *A*, 2 800 Stück der Aktie *B* und 3 600 Stück der Aktie *C*.

Wert aller Aktien: $4\,200 \cdot 2\,700 + 2\,800 \cdot 2\,450 + 3\,600 \cdot 2\,050 = 25\,580\,000$ €

Herr Hansen hatte 34,5 Mio. € – 25,58 Mio. € = 8,92 Mio. € in Wertpapieren angelegt.

Kennzahlen der beschreibenden Statistik

Zentralmaße

arithmetisches Mittel (Mittelwert) $\bar{x} = \frac{x_1 + x_2 + x_3 + \ldots + x_n}{n}$

Median (Zentralwert) $\tilde{x}$ Wert in der Mitte der **geordneten Datenliste** (bei gerader Anzahl von Daten nimmt man den Mittelwert der beiden in der Mitte stehenden Daten). Links vom Median stehen gleich viele Werte wie rechts vom Median.

Modus (Modalwert) häufigster Wert aus einer Liste von Daten. Es kann auch mehr als einen Modus geben.

Streuungsmaße

Spannweite R $= x_{max} - x_{min}$

Standardabweichung s $= \sqrt{\frac{(x_1 - \bar{x})^2 + (x_2 - \bar{x})^2 + \ldots + (x_n - \bar{x})^2}{n}}$

Maß für die Abweichung vom Mittelwert $\bar{x}$. Die empirische Varianz s^2 ist das Quadrat der Standardabweichung.

Quartilabstand $= q_3 - q_1$, wobei für das **1. Quartil** q_1 und das **3. Quartil** q_3 gilt:

q_1: Mind. 25 % aller Daten sind $\leq q_1$ und mind. 75 % sind $\geq q_1$.
q_3: Mind. 75 % aller Daten sind $\leq q_3$ und mind. 25 % sind $\geq q_3$.

Hinweise

- Der Median $\tilde{x}$ wird auch 2. Quartil genannt, da:
  mind. 50 % aller Daten sind $\leq q_2$ und mind. 50 % sind $\geq q_2$.
- Ein Modus ist gleich einem Wert der Urliste. Er ist vor allem dann aussagekräftig, wenn einige Merkmale sehr häufig vorkommen.
- Sind die Daten gleichmäßig um das arithmetische Mittel $\bar{x}$ verteilt, dann gilt:
  Etwa $\frac{2}{3}$ aller Daten liegen im Intervall $[\bar{x} - s; \bar{x} + s]$.

Übersicht Datentypen

Die einzelnen Zentralmaße sind nicht für jeden **Datentyp** geeignet.

Qualitative Daten		**Quantitative Daten**	
Nominalskala	**Ordinalskala**	**Metrische Skala**	
Merkmale entsprechen der Angabe einer Kategorie	Merkmale werden der Größe nach gereiht	Diskrete Merkmale werden durch Zählen bestimmt und sind $\in \mathbb{N}$.	Stetige Merkmale werden durch Messung bestimmt und sind $\in \mathbb{R}$.
z. B. Geschlecht	z. B. Note	z. B. Einwohnerzahl	z. B. Temperatur
Modus	Modus, Median	Modus, Median, arithmetisches Mittel	

Bsp

Frau Karner hat für eine Arbeitswoche notiert, wie lange sie mit ihrem Pkw zum Arbeitsplatz unterwegs war.

Mo	Di	Mi	Do	Fr	Sa
28 min	26 min	26 min	26 min	53 min	30 min

Wir vergleichen Median und arithmetisches Mittel:

a) geordnete Liste: 26, 26, 26, 28, 30, 53 ⇒ Median = 27 Minuten

b) $\bar{x} = \frac{28 + 3 \cdot 26 + 53 + 30}{6} = 31{,}5$

Vergleich: Das arithmetische Mittel reagiert sehr stark auf den Ausreißer 53 min.

Hinweis

Beim arithmetischen Mittel kannst du mehrmals vorkommende Werte zusammenfassen: **gewogenes arithmetisches Mittel**

Eigenschaften der einzelnen Lageparameter

arithmetisches Mittel	nur für quantitative Merkmale; reagiert auf **Ausreißer**
Median	eignet sich für ordinalskalierte und quantitative Merkmale; reagiert nicht auf Ausreißer
Modus	eignet sich auch für lediglich nominale Merkmale (z. B. Lieblingsfarbe); reagiert nicht auf Ausreißer

Bsp

In drei Parallelklassen wird derselbe Test mit folgendem Ergebnis abgehalten:

Klasse	8A	8B	8C
Anzahl der Arbeiten	22	18	25
Punktedurchschnitt	40,5	39,0	35,6

Der Punktedurchschnitt für alle drei Klassen ist gesucht:

Insgesamt erreichte Punktezahl in der 8A: $22 \cdot 40{,}5 = 891$;

in der 8B: $18 \cdot 39{,}0 = 702$; in der 8C: $25 \cdot 35{,}6 = 890$;

In allen drei Klassen zusammen $891 + 702 + 890 = 2\,483$ Punkte ⇒

Punktedurchschnitt für alle drei Klassen $= \frac{2\,483}{22 + 18 + 25} = \frac{2\,483}{65} = 38{,}2$

Hinweis

Bei diesem Beispiel erhältst du das Ergebnis auch mithilfe dem gewogenen arithmetischen Mittel: $40{,}5 \cdot \frac{22}{65} + 39{,}0 \cdot \frac{18}{65} + 35{,}6 \cdot \frac{25}{65} = 38{,}2$

Bsp

Vier Freunde haben folgende Körpergröße: 178 cm, 175 cm, 182 cm und 179 cm.
Zwei Jahre später sind alle um 4 cm größer!
Auswirkung auf: **a)** Mittelwert, **b)** Standardabweichung

a) zuerst: $\bar{x} = \frac{178 + 175 + 182 + 179}{4} = 178{,}5$

nach 2 Jahren: $\bar{x} = \frac{182 + 179 + 186 + 183}{4} = 182{,}5$

Der Mittelwert ist um 4 cm gestiegen.

b) zuerst: $s = \sqrt{\frac{(178 - 178{,}5)^2 + (175 - 178{,}5)^2 + (182 - 178{,}5)^2 + (179 - 178{,}5)^2}{4}} = 2{,}5$

nach 2 J.: $s = \sqrt{\frac{(182 - 182{,}5)^2 + (179 - 182{,}5)^2 + (186 - 182{,}5)^2 + (183 - 182{,}5)^2}{4}} = 2{,}5$

⇒ Die Standardabweichung ist gleich geblieben.

In einem **Boxplot** oder **Kastenschaubild** werden das Minimum, das Maximum und die Quartile q_1, $q_2 = \tilde{x}$ und q_3 dargestellt.

Die Box stellt die mittleren 50 % aller Daten dar.
Der Quartilabstand $q_3 - q_1$ ist die Breite der Box.
Am Boxplot kannst du auch die Spannweite $R = x_{max} - x_{min}$ ablesen.

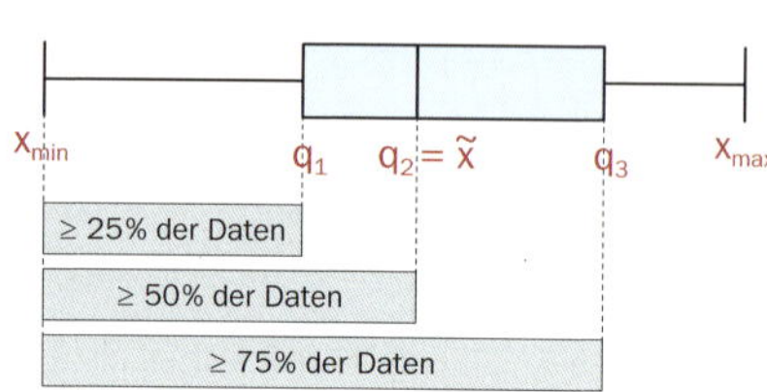

Bsp

Während der Corona-Krise im Jahr 2020 wurde per Fernunterricht gelehrt. Eine Umfrage, die die durchschnittliche Lernzeit pro Tag untersucht, ergibt eine Medianlernzeit von 2,5 Stunden täglich.

- $x_{min} = q_1 = 1$: mind. 25 % der Befragten lernen täglich eine Stunde; keiner lernt weniger als eine Stunde
- $\tilde{x} = 2{,}5$ und $q_3 = 3$: mind. 25 % der Befragten lernen täglich mindestens 2,5; maximal 3 Stunden
- $q_1 = 1$ und $q_3 = 3$: mind. 50 % der Befragten lernen täglich zumindest eine; maximal 3 Stunden
- $x_{max} = 6$: keiner lernt im Durchschnitt mehr als 6 Stunden

GeoGebra liefert Statistische Kenngrößen und Diagramme. Gib die Daten als Tabelle ein, markiere sie und rufe „Analyse einer Variablen" auf.

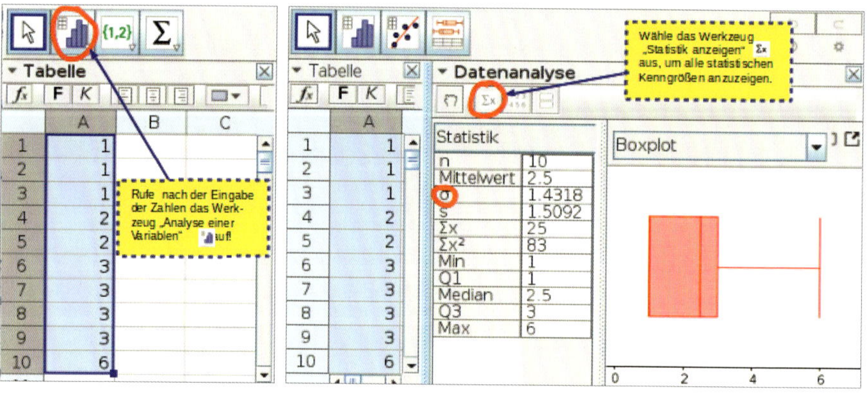

Hinweis

In GeoGebra wird die empirische Standardabweichung mit σ bezeichnet!

▶ Zum Weiterüben:
Typ-1-Aufgaben zu WS 1 findest du in Thema Mathematik 8, S. 223–229.

WS 2: Wahrscheinlichkeitsrechnung

Grundbegriffe

Zufallsversuch – immer unter gleichen Bedingungen durchgeführt; alle möglichen Ausgänge des Versuchs sind vorher bekannt; tatsächlicher Ausgang aber nicht voraussagbar

Elementarereignisse – alle möglichen Ausgänge eines Zufallsversuchs; werden im **Grundraum** $\Omega = \{\omega_1, \omega_2, \ldots, \omega_n\}$ zusammengefasst

Ereignis A – Teilmenge des Grundraums Ω: $A \subseteq \Omega$

Gegenereignis A' – logisches Gegenteil des Ereignisses A
$A' = \Omega \setminus A$

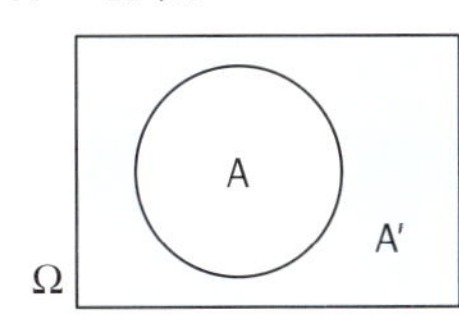

Bsp

Bei einem schriftlichen Test werden vier Fragen gestellt. Er ist positiv, wenn mindestens zwei Fragen richtig beantwortet werden. Die Beantwortung der Fragen erfolgt (leider) zufällig.

Wir beschreiben den Grundraum Ω, das Ereignis A „Test positiv“ und das Gegenereignis A':

Es können 0, 1, 2, 3 oder 4 Antworten richtig sein. $\Rightarrow \Omega = \{0, 1, 2, 3, 4\}$
Mindestens 2 bedeutet 2, 3 oder 4. $\Rightarrow A = \{2, 3, 4\}$
Das Gegenereignis $A' = \Omega \setminus A$ $\Rightarrow A' = \{0, 1\}$

Hinweise

- Das logische Gegenteil von z. B. „mindestens ein Knabe“ ist „kein Knabe“ bzw. „ausschließlich Mädchen“.
- Das logische Gegenteil von z. B. „alle richtig“ ist „mind. eines falsch“.
- Elementarereignisse kann man auch mit Buchstaben bezeichnen. Bei einer Zwillingsgeburt hat man für das Geschlecht der Zwillinge beispielsweise den Grundraum $\Omega = \{(w, w), (w, m), (m, m)\}$.

Relative Häufigkeit als Schätzwert für eine Wahrscheinlichkeit

In vielen Fällen kann man die Wahrscheinlichkeit eines Ereignisses nur aufgrund langjähriger Erfahrungswerte schätzen, etwa die Wahrscheinlichkeit, von einem Blitz getroffen zu werden, oder die Wahrscheinlichkeit, dass die Stromversorgung ausfällt.

Bsp Man möchte wissen, mit welcher Wahrscheinlichkeit ein Reißnagel, der in die Luft geworfen wurde, mit dem Nagel nach oben landet. Dazu wirft man den Reißnagel sehr oft, sagen wir 1000 mal. Angenommen, er landet 400 mal mit dem Nagel nach oben, dann ist die relative Häufigkeit $\frac{400}{1000} = 0{,}4$ ein vernünftiger Schätzwert für die gesuchte Wahrscheinlichkeit.

Empirisches Gesetz der großen Zahlen

Mit zunehmender Versuchsanzahl stabilisiert sich die relative Häufigkeit eines Ereignisses um einen festen Wert. Die Wahrscheinlichkeit des Ereignisses ist somit abschätzbar.

Bsp Autowerkstätten überprüfen routinemäßig den Ölstand. Bei drei Filialen werden einen Monat lang folgende Aufzeichnungen gesammelt:

1. Filiale	105 Überprüfungen	86 in Ordnung
2. Filiale	198 Überprüfungen	171 in Ordnung
3. Filiale	97 Überprüfungen	73 in Ordnung

Wir wollen die Wahrscheinlichkeit, dass bei einer Überprüfung der Ölstand in Ordnung ist, schätzen: relativer Anteil $= \frac{86 + 171 + 73}{105 + 198 + 97} = 0{,}825 \Rightarrow 82{,}5\,\%$

Regeln für die Wahrscheinlichkeiten von Ereignissen *A* und *B*

Ereignis $A \subseteq \Omega$	$0 \leq P(A) \leq 1$	
unmögliches Ereignis $\varnothing$	$P(\varnothing) = 0$	
sicheres Ereignis Ω	$P(\Omega) = 1$	
Gegenereignis A'	$P(A) + P(A') = 1$	
Additionsregel	$P(A \cup B) = P(A) + P(B)$	(falls A, B disjunkt)
Multiplikationsregel	$P(A \cap B) = P(A) \cdot P(B)$	(falls A, B unabhängig)

Laplace-Wahrscheinlichkeit

Laplace-Annahme

Für ein Laplace-Experiment gilt: Alle Elementarereignisse sind gleich wahrscheinlich.
$P(\omega_1) = P(\omega_2) = \ldots = P(\omega_n) = \frac{1}{n}$

Dann gilt für ein Ereignis $A \subseteq \Omega$: $P(A) = \frac{|A|}{|\Omega|} = \frac{\text{Anzahl der für } A \text{ günstigen Fälle}}{\text{Anzahl aller möglichen Fälle}}$

Bsp Bei einer Lotterie werden Lose mit den Nummern 1 bis 100 verkauft. Alle Lose, deren Nummer eine Quadratzahl ist, gewinnen. Wir berechnen die Wahrscheinlichkeit, dass ein zufällig gewähltes Los ein Gewinnlos ist.

Überlege: Die Lose mit den Nummern 1, 4, 9, 16, 25, 36, 49, 64, 81 und 100 gewinnen, das sind 10 von 100 Losen. $\Rightarrow P(\text{Gewinnlos}) = \frac{10}{100} = 10\,\%$.

Baumdiagramme und Pfadregeln

mehrstufiger Zufallsversuch ein Vorgang wird mehrmals hintereinander durchgeführt; kann in einem **Baumdiagramm** grafisch veranschaulicht werden

Hinweise

Der Zufallsversuch wird als Urnen-Experiment gedacht. Es werden Kugeln der Reihe nach zufällig aus einer Urne gezogen. In manchen Fällen wird die gezogene Kugel wieder zurückgelegt (Ziehen mit Zurücklegen), in anderen Fällen wird sie nicht zurückgelegt (Ziehen ohne Zurücklegen).

Pfadregeln für Baumdiagramme

Multiplikationsregel Wahrscheinlichkeit für einen einzelnen Pfad ist das Produkt der Wahrscheinlichkeiten entlang des Pfades

Additionsregel Wahrscheinlichkeit eines Ereignisses, welches durch mehrere Pfade beschrieben wird, ist die Summe der Wahrscheinlichkeiten dieser Pfade

Bsp

Bei der mündlichen Matura werden 16 Themengebiete geprüft. Ein Kandidat hat 14 Themengebiete gut gelernt, die anderen beiden hätte er nicht so gern. Wir bestimmen die Wahrscheinlichkeit, dass der Kandidat keines der beiden unangenehmen Themengebiete erhält!

Das Ziehen eines Themengebietes ist ein Ziehen ohne Zurücklegen.

Wahl des 1. Themengebiets: Es liegen 16 Kugeln in der Urne, zwei davon haben eine „ungünstige" Nummer. Die Wahrscheinlichkeit für eine „günstige Nummer" ist daher $\frac{14}{16}$.

Wahl des 2. Themengebiets: Es sind noch 15 Kugeln in der Urne. Je nachdem, welche zuvor gezogen wurde, sind noch 13 oder 14 „günstig"

Der Baum dazu:

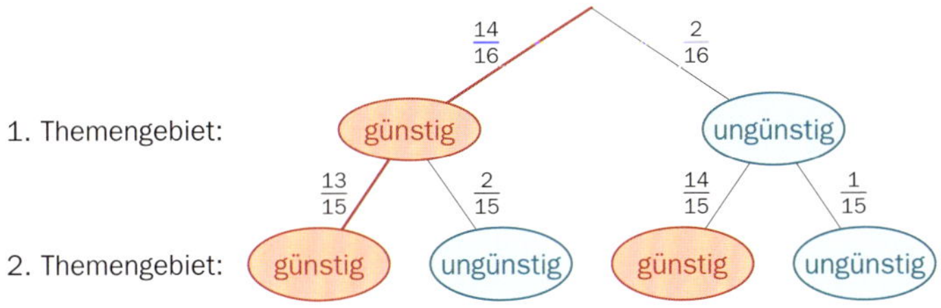

1. Themengebiet: günstig ($\frac{14}{16}$), ungünstig ($\frac{2}{16}$)

2. Themengebiet: günstig ($\frac{13}{15}$), ungünstig ($\frac{2}{15}$) | günstig ($\frac{14}{15}$), ungünstig ($\frac{1}{15}$)

Betrachte den roten Pfad „günstig–günstig". Er hat die Wahrscheinlichkeit

$\frac{14}{16} \cdot \frac{13}{15} \approx 0{,}758$

Die Wahrscheinlichkeit P(„günstig–günstig"), sodass der Kandidat keines der beiden unangenehmen Themengebiete erhält, beträgt ca. 75,8 %.

Bsp In einer Urne liegen 2 rote, 3 blaue und 5 orange Kugeln. Es wird zweimal hintereinander eine Kugel zufällig gezogen. Die gezogene Kugel wird zurückgelegt. Wir berechnen die Wahrscheinlichkeit, dass genau eine rote Kugel gezogen wird.

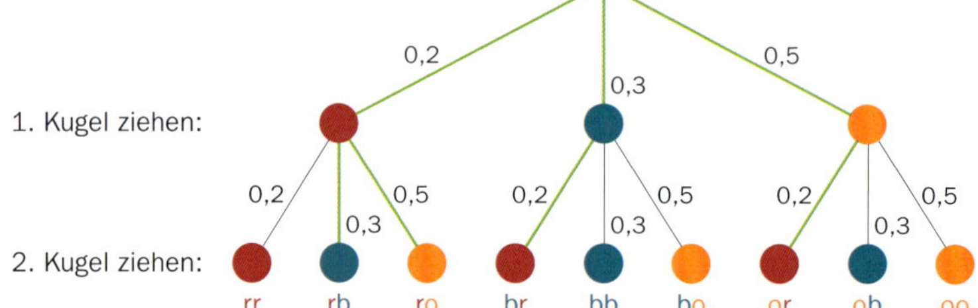

Das Ereignis „genau eine rote Kugel" umfasst die Pfade rb, ro, br und or.

$P(\text{rb}) = 0{,}2 \cdot 0{,}3 = 0{,}06$ $P(\text{ro}) = 0{,}2 \cdot 0{,}5 = 0{,}1$

$P(\text{br}) = 0{,}3 \cdot 0{,}2 = 0{,}06$ $P(\text{or}) = 0{,}5 \cdot 0{,}2 = 0{,}1$

$\Rightarrow P(\text{genau eine rote Kugel}) = P(\text{rb}) + P(\text{ro}) + P(\text{br}) + P(\text{or}) = 32\,\%$

Hinweise

- Es ist nicht immer notwendig, den gesamten Baum aufzuzeichnen. Lass Pfade, die nicht zum gesuchten Ereignis passen, weg.
- Achte beim Beschriften der Wahrscheinlichkeiten darauf, ob es sich um ein Ziehen mit bzw. ohne Zurücklegen handelt. Beim Ziehen ohne Zurücklegen ändern sich die Wahrscheinlichkeiten.

Binomialkoeffizient

Mit $0! = 1$ und $n! = n \cdot (n-1) \cdot (n-2) \cdot \ldots \cdot 2 \cdot 1$ für $n \geq 1$ ist die Zahl „n Faktorielle" für eine natürliche Zahl n festgelegt.

Bsp $5! = 5 \cdot 4 \cdot 3 \cdot 2 \cdot 1 = 120$ $7! = 7 \cdot 6 \cdot 5! = 42 \cdot 120 = 5040$

Der **Binomialkoeffizient** $\binom{n}{k}$ (sprich: „n über k") ist die Anzahl der Möglichkeiten, aus n Objekten k Objekte auszuwählen, wenn es auf die Reihenfolge nicht ankommt.

$$\binom{n}{k} = \frac{n \cdot (n-1) \cdot \ldots \cdot (n-k+1)}{k!} = \frac{n!}{k!\,(n-k)!} \quad \text{für } k > 0 \qquad \binom{n}{0} = 1$$

Bsp $\binom{5}{3} = \frac{5 \cdot 4 \cdot 3}{3 \cdot 2 \cdot 1} = \frac{60}{6} = 10$ $\binom{8}{2} = \frac{8 \cdot 7}{2 \cdot 1} = \frac{56}{2} = 28$

Bsp In einer Klasse von 24 Schülerinnen und Schülern wählt der Mathematik-Lehrer drei Personen zu einer Kontrolle der Hausübung auf.

Was bedeutet $\binom{24}{3} = 2024$ in diesem Kontext?

Der Mathematik-Lehrer hat 2024 Möglichkeiten, drei Personen für eine HÜ-Kontrolle auszuwählen.

Hinweise

- Bedingungen für die Anwendung des Binomialkoeffizienten:
  (i) Jedes Objekt wird nur einmal ausgewählt („Ziehen ohne Zurücklegen").
  (ii) Es spielt keine Rolle, in welcher Reihenfolge ausgewählt wurde.
- Symmetrieeigenschaften: $\binom{n}{k} = \binom{n}{n-k}$ und $\binom{n}{1} = \binom{n}{n-1} = n$
  Schreibt man z.B. für $n = 7$ die Binomialkoeffizienten auf, sieht man beide Symmetrien:

$\binom{7}{0}$	$\binom{7}{1}$	$\binom{7}{2}$	$\binom{7}{3}$	$\binom{7}{4}$	$\binom{7}{5}$	$\binom{7}{6}$	$\binom{7}{7}$
1	7	21	35	35	21	7	1

Binomialkoeffizienten können mit den meisten Taschenrechnern sowie mit GeoGebra und anderer Technologie berechnet werden.

Bsp Für welchen Wert von n gilt $\binom{n}{10} = \binom{n}{9}$?

Denk dir alle Binomialkoeffizienten $\binom{n}{k}$ in einer Zeile. Die Binomialkoeffizienten $\binom{n}{9}$ und $\binom{n}{10}$ stehen direkt nebeneinander. Sie können nur dann denselben Wert haben, wenn sie genau in der Mitte der Zeile sind. Es stehen 9 Binomialkoeffizienten vor $\binom{n}{9}$ $\Rightarrow$ es stehen auch 9 Binomialkoeffizienten hinter $\binom{n}{10}$. Daher muss $n = 19$ sein.

Bsp Aus einer Gruppe von n Personen werden zwei ausgewählt, wobei es auf die Reihenfolge der Auswahl jeweils nicht ankommt. Es gibt 28 unterschiedliche Möglichkeiten der Auswahl. Wir groß ist die Gruppe?

Überlege: $\binom{n}{2} = 28 \Leftrightarrow \frac{n \cdot (n-1)}{2} = 28 \Leftrightarrow n^2 - n = 56 \Rightarrow n = -7$ oder $n = 8$

Es handelt sich um eine Gruppe von acht Personen.

WS 3: Wahrscheinlichkeitsverteilung(en)

Zufallsvariable (Zufallsgröße)

diskrete Zufallsvariable bzw. **Zufallsgröße** X	ordnet jedem Elementarereignis $\omega \in \Omega$ aus dem Grundraum eine natürliche Zahl zu: $X\colon\ \Omega \to \mathbb{N},\ k = X(\omega)$
Wahrscheinlichkeitsfunktion f	Jeder Wert gibt die Wahrscheinlichkeit P dafür an, dass die Zufallsvariable X den Wert $k \in \mathbb{N}$ annimmt: $f(k) = P(X = k)$

f gibt die Wahrscheinlichkeitsverteilung für die Zufallsvariable X an (**diskrete Verteilung**).

▶ Zum Weiterüben:
Typ-1-Aufgaben zu WS 2 findest du in Thema Mathematik 8, S. 229–232.

Bsp Beim zweimaligem Würfeln ordnet die Zufallsvariable X den gewürfelten Augenzahlen ihre Summe zu: $(1, 1) \mapsto 2$; $(1, 2) \mapsto 3$; $(1, 3) \mapsto 4$; usw.

Dann gilt beispielsweise: $f(2) = P(X = 2) = \frac{1}{36}$

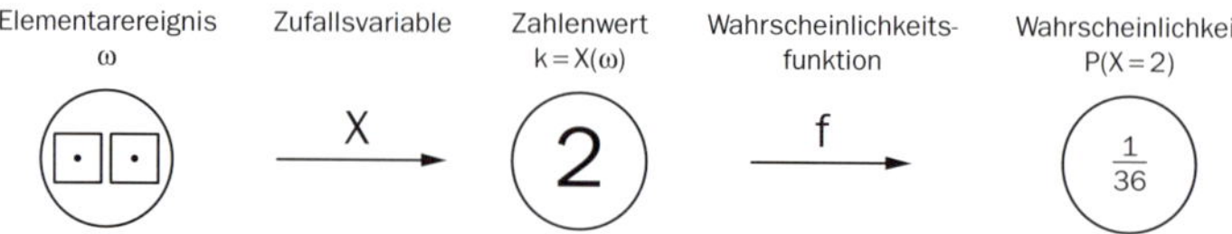

Für eine diskrete Zufallvariable X definieren wir:

Erwartungswert μ von X

$$E(X) = \mu = P(X = 0) \cdot 0 + P(X = 1) \cdot 1 + P(X = 2) \cdot 2 + P(X = 3) \cdot 3 + \dots$$

Varianz σ^2 von X

$$V(X) = \sigma^2 = P(X = 0) \cdot (0 - \mu)^2 + P(X = 1) \cdot (1 - \mu)^2 + P(X = 2) \cdot (2 - \mu)^2 + \dots$$

Standardabweichung σ von X $\quad \sigma = \sqrt{V(X)}$

Hinweis Erwartungswert und Varianz einer diskreten Zufallsvariablen entsprechen dem arithmetischen Mittel und der empirischen Varianz, wenn der Zufallsversuch sehr oft durchgeführt wird. In diesem Fall pendeln sich die relativen Häufigkeiten der einzelnen Elementarereignisse bei deren Wahrscheinlichkeiten ein.

Bsp Die Zufallsvariable X gibt an, wie viele Personen in einem zufällig ausgewählten Pkw sitzen. Die Wahrscheinlichkeitsverteilung ist empirisch durch folgende Werte der Wahrscheinlichkeitsfunktion gegeben:

Anzahl k der Personen	1	2	3	4	5
Wahrscheinlichkeit $P(X = k) = f(k)$	50 %	22 %	18 %	8 %	2 %

Wir stellen die Wahrscheinlichkeitsfunktion grafisch dar, berechnen μ und σ und interpretieren schließlich die Ergebnisse:

$$\mu = 0{,}5 \cdot 1 + 0{,}22 \cdot 2 + 0{,}18 \cdot 3 + 0{,}08 \cdot 4 + 0{,}02 \cdot 5 = 1{,}9$$

$$\sigma^2 = 0{,}5 \cdot (1 - 1{,}9)^2 + 0{,}22 \cdot (2 - 1{,}9)^2 + 0{,}18 \cdot (3 - 1{,}9)^2 + 0{,}08 \cdot (4 - 1{,}9)^2 + 0{,}02 \cdot (5 - 1{,}9)^2 = 1{,}17$$

$$\Rightarrow \sigma = \sqrt{1{,}17} \approx 1{,}1$$

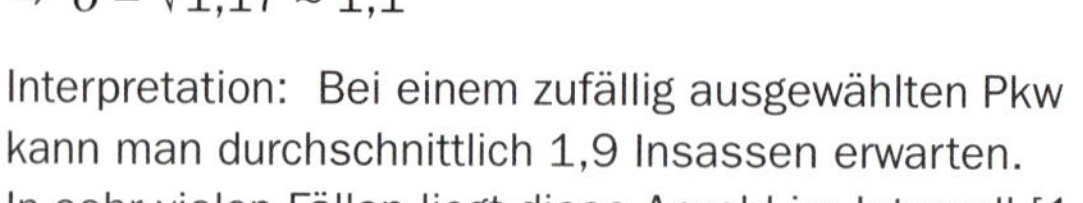

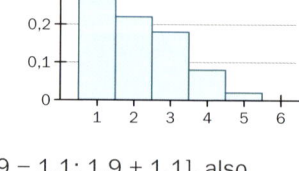

Interpretation: Bei einem zufällig ausgewählten Pkw kann man durchschnittlich 1,9 Insassen erwarten.
In sehr vielen Fällen liegt diese Anzahl im Intervall $[1{,}9 - 1{,}1; 1{,}9 + 1{,}1]$, also zwischen eins und drei.

Hinweis Beachte, dass gilt: $P(X = 1) + P(X = 2) + P(X = 3) + P(X = 4) + P(X = 5) = 1$

Faustregel für die Interpretation von Erwartungswert und Standardabweichung:

- Im Intervall $(\mu - \sigma; \mu + \sigma)$ liegen ca. 67 % der Ergebnisse.
- Im Intervall $(\mu - 2\sigma; \mu + 2\sigma)$ liegen ca. 95 % der Ergebnisse.

Für eine **Bewertungsfunktion** g einer diskreten Zufallsvariable X ist der Erwartungswert von g (die **Gewinnerwartung**) gegeben durch:

$$E(g(x)) = P(X = 0) \cdot g(0) + P(X = 1) \cdot g(1) + P(X = 2) \cdot g(2) + \ldots P(X = n) \cdot g(n)$$

Bsp

Ein Glücksrad besteht aus acht gleich großen Sektoren. Wenn es auf einem grauen Sektor zum Stillstand kommt, wird nichts ausbezahlt. Bei einem blauen Sektor erhält man 5 € und beim grünen Sektor sogar 17 €. Wir berechnen den zu erwartenden Gewinn, wenn das Glücksrad einmal gedreht wird.

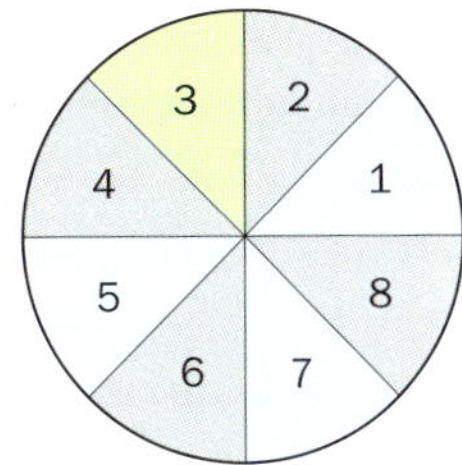

Die Zufallsvariable X gibt die Nummer des Sektors an.

Für sie gilt $P(X = 1) = \frac{1}{8}$, $P(X = 2) = \frac{1}{8}$ usw.

$E(g(x)) = P(X = 1) \cdot 5 + P(X = 2) \cdot 0 + P(X = 3) \cdot 17 + P(X = 4) \cdot 0 + P(X = 5) \cdot 5 + \ \ldots = 4$

Wenn man bei diesem Glücksspiel sehr oft teilnimmt, wird man im Mittel einen Gewinn von 4 Euro erhalten.

Binomialverteilung

Bernoulli-Experiment	ein Zufallsversuch, bei dem nur zwei Ereignisse eintreten können: ‚Erfolg' oder ‚Misserfolg'
***n*-stufiges Bernoulli-Experiment**	Bernoulli-Experiment wird n mal unter identischen Bedingungen durchgeführt: $p = P(\text{„Erfolg“})$ bleibt gleich.

Hinweise

- Beispiele für Bernoulli-Experimente:
  Antwort bei einem Quiz (richtig – falsch)
  Ergebnis bei einem medizinischen Test (positiv – negativ)
  Ergebnis einer Prüfung (bestanden – nicht bestanden)
- Jedes n-stufige Bernoulli-Experiment können wir mit einem Baumdiagramm veranschaulichen: Ziehen mit Zurücklegen

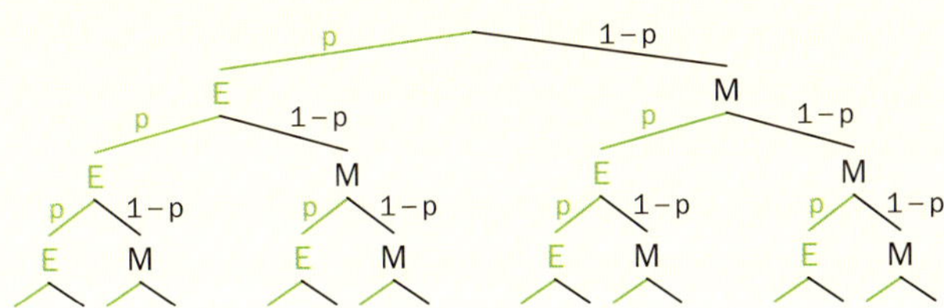

Die Zufallsvariable X ist die Anzahl der ‚Erfolge' bei einem n-stufigen Bernoulli-Experiment. Daher ist $0 \leq X \leq n$. Eine derartige Zufallsvariable X heißt **binomialverteilt** mit den Parametern n und p, kurz BV(n, p). Eine Binominalverteilung ist eine **diskrete Verteilung**.

Für eine **binomialverteilte Zufallsvariable** X gilt:

$$P(X = k) = \binom{n}{k} \cdot p^k \cdot (1-p)^{n-k} \qquad (0 \leq k \leq n,\ 0 \leq p \leq 1)$$

n … Anzahl der Versuche $\qquad$ p … Erfolgswahrscheinlichkeit

Hinweis

Für $P(X = k)$ gilt: $\binom{n}{k}$ ist im Baumdiagramm die Anzahl der Pfade für k Erfolge und $p^k \cdot (1-p)^{n-k}$ ist die Wahrscheinlichkeit für einen dieser Pfade.

Bsp

Bei einer Ampelanlage sind die einzelnen Phasen wie folgt festgelegt:

Phase	grün	gelb	rot	rot-gelb
Zeit	30 s	5 s	40 s	5 s

Herr Karl passiert diese Ampelanlage im Laufe einer Arbeitswoche 8-mal zu jeweils zufälligen Zeitpunkten. Die Zufallsvariable X gibt an, wie oft die Ampel grün ist.
Wir berechnen die Werte der Wahrscheinlichkeitsfunktion, stellen sie grafisch dar und geben an, wie groß die Wahrscheinlichkeit ist, dass Herr Karl **a)** genau dreimal **b)** höchstens dreimal zu einer grünen Ampel kommt.

Jedes Mal, wenn Herr Karl zur Ampel kommt, findet folgendes Bernoulli-Experiment statt: Die Ampel ist grün oder sie ist nicht grün. Die Wahrscheinlichkeit für grün ist:

$p = \frac{30}{30 + 5 + 40 + 5} = \frac{3}{8} = 37{,}5\,\%$

Er führt dieses Bernoulli-Experiment 8-mal durch $\Rightarrow$
X ist binomialverteilt mit $n = 8$ und $p = 0{,}375$.

$P(X = 0) = 0{,}625^8 \approx 2{,}3\,\%$

$P(X = 1) = \binom{8}{1} \cdot 0{,}375^1 \cdot 0{,}625^7 \approx 11{,}1\,\%$

$P(X = 2) = \binom{8}{2} \cdot 0{,}375^2 \cdot 0{,}625^6 \approx 23{,}5\,\%$

$P(X = 3) = \binom{8}{3} \cdot 0{,}375^3 \cdot 0{,}625^5 \approx 28{,}2\,\%$

$P(X = 4) = \binom{8}{4} \cdot 0{,}375^4 \cdot 0{,}625^4 \approx 21{,}1\,\%$

$P(X = 5) = \binom{8}{5} \cdot 0{,}375^5 \cdot 0{,}625^3 \approx 10{,}1\,\%$

$P(X = 6) = \binom{8}{6} \cdot 0{,}375^6 \cdot 0{,}625^2 \approx 3{,}0\,\%$

$P(X = 7) = \binom{8}{7} \cdot 0{,}375^7 \cdot 0{,}625^1 \approx 0{,}5\,\%$

$P(X = 8) = 0{,}375^8 \approx 0{,}0\,\%$

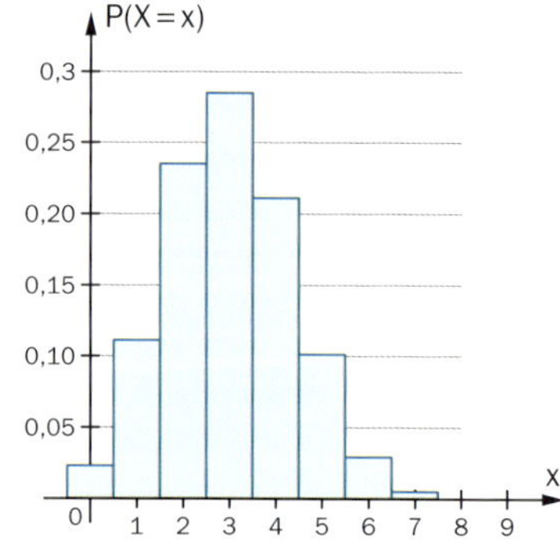

Die Wahrscheinlichkeit, dass Herr Karl

a) genau dreimal zu einer grünen Ampel kommt: $P(X = 3) \approx 28{,}2\,\%$

b) höchstens dreimal zu einer grünen Ampel kommt:
$P(X \leq 3) = 2{,}3\,\% + 11{,}1\,\% + 23{,}5\,\% + 28{,}2\,\% \approx 65{,}1\,\%$

Die Werte der Wahrscheinlichkeitsfunktion können mittels Technologie ermittelt werden. Auch Wahrscheinlichkeiten wie $P(X \leq 3)$ werden berechnet.
Im Wahrscheinlichkeitsrechner von GeoGebra sieht das so aus:

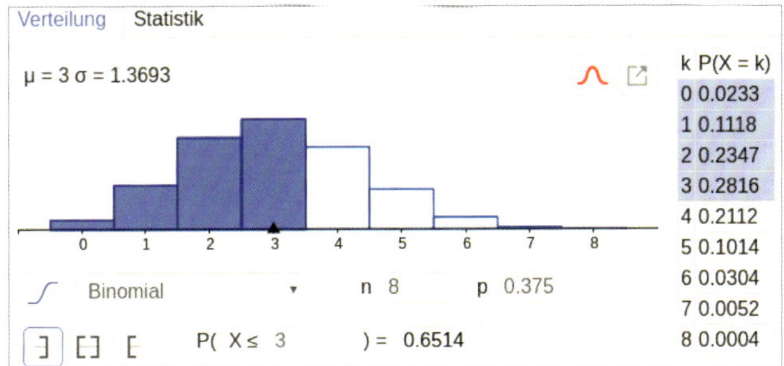

Für eine mit *n* und *p* binomialverteilte Zufallsvariable *X* gilt:

Erwartungswert von *X*	$\mu = n \cdot p$
Standardabweichung von *X*	$\sigma = \sqrt{n \cdot p \cdot (1-p)}$

Bsp Berechne **a)** den Erwartungswert μ und **b)** die Standardabweichung σ für das obige Beispiel.

a) $\mu = n \cdot p = 8 \cdot \frac{3}{8} = 3$

Interpretation: Es ist zu erwarten, dass Herr Karl im Laufe einer Arbeitswoche dreimal eine grüne Ampel vorfindet.

b) $\sigma = \sqrt{n \cdot p \cdot (1-p)} = \sqrt{8 \cdot \frac{3}{8} \cdot \frac{5}{8}} \approx 1{,}4 \Rightarrow (\mu - \sigma; \mu + \sigma) \approx (1{,}6; 4{,}4)$

Interpretation: In durchschnittlich zwei von drei Arbeitswochen, also mit einer Wahrscheinlichkeit von etwa 67 %, trifft Herr Karl im Laufe einer Arbeitswoche zwei-, drei- oder viermal auf eine grüne Ampel.

Hinweis

Der Erwartungswert $\mu = n \cdot p$ ist im Allgemeinen keine ganze Zahl. Er liegt bei einer binomialverteilten Zufallsvariablen immer nahe jener ganzen Zahl k mit der maximalen Wahrscheinlichkeit $P(X = k)$, anschaulich also nahe beim längsten Streifen im Histogramm der Wahrscheinlichkeitsverteilung.

Bsp Von einer binomialverteilten Zufallsvariablen kennt man den Parameter $n = 23$. Für die Wahrscheinlichkeitsverteilung der Zufallsvariablen gilt: $P(X = 14)$ ist die größte Wahrscheinlichkeit.
Frage: Ist die Aussage $P(8 < X < 15) > 50\,\%$ richtig?

Wir wissen: $P(X = 14)$ ist die größte Wahrscheinlichkeit und daher gilt: $\mu \approx 14$

Wegen $\mu = n \cdot p$ folgt: $p = \frac{\mu}{n} \approx \frac{14}{23} \approx 0{,}61$

$P(8 < X < 15) = P(9 \leq X \leq 14) \approx 56\,\% \Rightarrow$ Die Aussage stimmt!

Normalapproximation der Binomialverteilung

Eine binomialverteilte Zufallsvariable kann nur ganzzahlige Werte annehmen: Sie ist eine diskrete Zufallvariable.

stetige Zufallsvariable X ordnen einem Zufallsversuch einen reellen Zahlenwert zu

Dabei können alle Zahlenwerte aus einem Intervall $I \subseteq \mathbb{R}$ auftreten. Ihre Wahrscheinlichkeitsverteilung ist durch eine stetige Funktion f gegeben. Wahrscheinlichkeiten entsprechen Flächeninhalten:

$$P(a \leq X \leq b) = \int_a^b f(x)\,dx$$

f nennt man Dichtefunktion. Für sie gilt $f(x) \geq 0$ für alle $x \in \mathbb{R}$. Die gesamte Fläche unterhalb einer Dichtefunktion muss 1 sein, weil $P(-\infty < X < \infty) = 1$.

Eine stetige Zufallsvariable X heißt **normalverteilt** mit Erwartungswert μ und Standardabweichung σ, oder kürzer: X ist $N(\mu;\ \sigma)$-verteilt, wenn für die Wahrscheinlichkeit, dass X einen Wert zwischen x_1 und x_2 annimmt, gilt:

$$P(x_1 \leq X \leq x_2) = \frac{1}{\sigma \cdot \sqrt{2\pi}} \cdot \int_{x_1}^{x_2} e^{-\frac{1}{2}\left(\frac{x-\mu}{\sigma}\right)^2} dx$$

f mit $f(x) = \frac{1}{\sigma \cdot \sqrt{2\pi}} \cdot e^{-\frac{1}{2}\left(\frac{x-\mu}{\sigma}\right)^2}$ heißt **Gauß'sche Glockenkurve** mit den Parametern μ und σ. Sie ist die Dichtefunktion der $N(\mu;\ \sigma)$-verteilten Zufallsvariablen X.

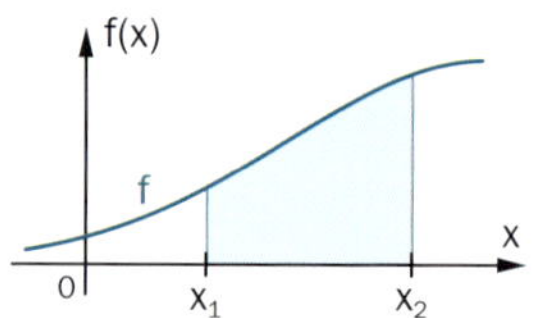

Gauß'sche Glockenkurve

Die Gauß'sche Glockenkurve hat bei $x = \mu$ ihr Maximum und bei $x = \mu \pm \sigma$ ihre Wendepunkte. Sie ist um $x = \mu$ symmetrisch.

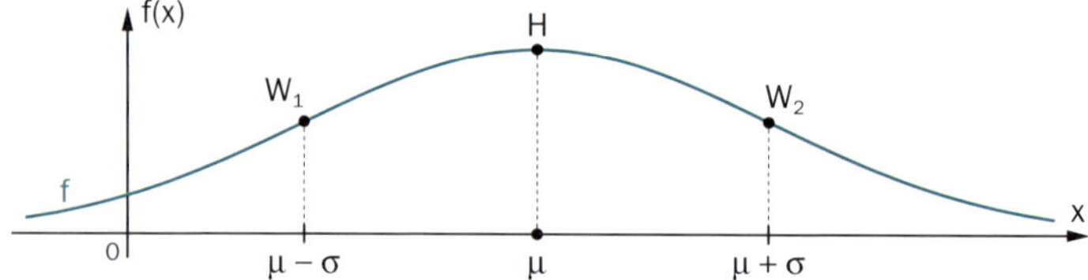

Der Erwartungswert μ legt die Lage der Glockenkurve fest. Ihre Form hängt von der Standardabweichung ab: großes σ macht sie breiter.

Normalapproximation der Binomialverteilung

Eine mit n und p binomialverteilte Zufallsvariable kann durch eine mit $\mu = n \cdot p$ und $\sigma = \sqrt{np(1-p)}$ normalverteilte Zufallsvariable approximiert werden, falls $\sigma^2 > 9$.
Die Bedingung $\sigma^2 > 9$ nennt man **Laplace-Bedingung**.

Bsp

Lara wirft 64-mal eine Münze. Wir bestimmen mithilfe einer Normalapproximation die Wahrscheinlichkeit, dass die Anzahl für „Kopf" zwischen 30 und 36 liegt.

1. Die Anzahl X für „Kopf" ist binomialverteilt mit $n = 64$ und $p = 0{,}5$.
2. Wir berechnen $\mu = n \cdot p = 32$ und $\sigma = \sqrt{np(1-p)} = \sqrt{32 \cdot 0{,}5} = 4$
3. Weil $\sigma > 3$ gilt: $P(30 \leq X \leq 36) \approx \int_{30}^{36} f(x)\,dx$, wobei f die Dichtefunktion einer $N(32;\,4)$-verteilten Zufallsvariablen ist.
4. Der Wert des Integrals kann z. B. mit dem Wahrscheinlichkeitsrechner von GeoGebra ermittelt werden.

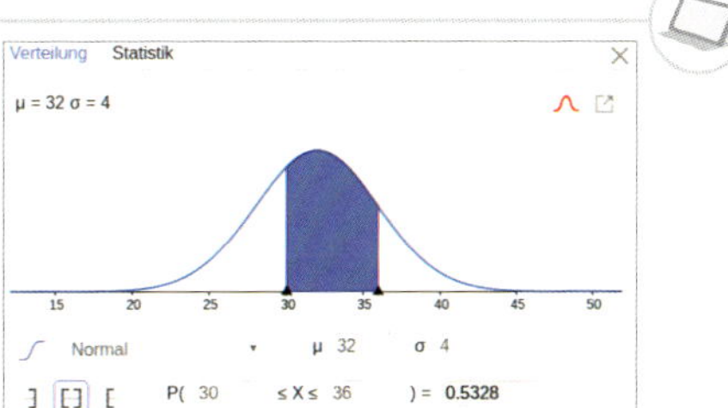

Die Wahrscheinlichkeit, dass Lara 30, 31, 32, 33, 34, 35 oder 36 mal „Kopf" wirft, beträgt ca. 53,3 %.

Hinweis

Die Approximation durch eine Normalverteilung beruht darauf, dass die stetige Gauß'sche Glockenkurve f die diskrete Binomialverteilung gut beschreibt.

Für Laras 64 Münzwürfe sieht das so aus:

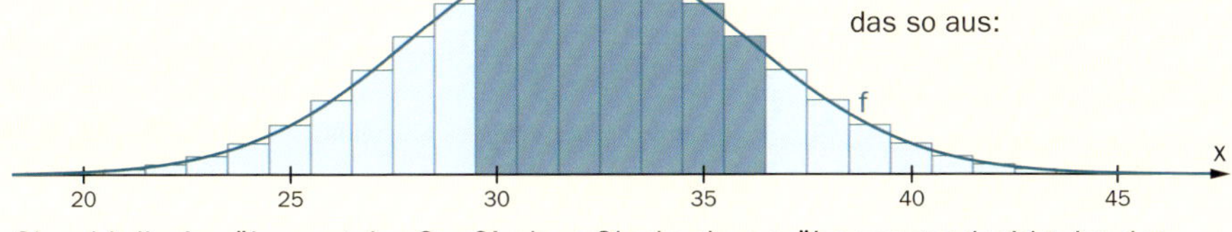

Obwohl die Annäherung der Gauß'schen Glockenkurve überzeugend wirkt, ist der Fehler durch die Approximation beträchtlich: Der genaue Wert beträgt:
$P(30 \leq X \leq 36) = P(X = 30) + P(X = 31) + \ldots + P(X = 36) = 60{,}4\,\%$

Würde Lara 576-mal würfeln, wäre $\mu = 288$ und $\sigma = 12$ und die zu oben analoge Wahrscheinlichkeit, dass $X \in \left[\mu - \frac{1}{2}\sigma;\, \mu + \sigma\right] = [282;\, 300]$ wäre exakt 55,7 %; angenähert durch eine $N(288;\,12)$-normalverteilte Zufallsvariable 53,3 %:

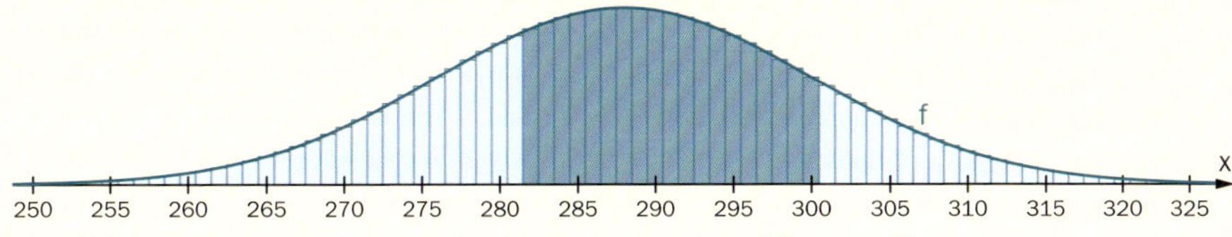

Wir sehen: Die Approximation ist umso besser, je größer der Wert von σ ist.

Standardnormalverteilung

Die Normalapproximation erfordert die Berechnung von Integralen der Form $\frac{1}{\sigma \cdot \sqrt{2\pi}} \cdot \int_{x_1}^{x_2} e^{-\frac{1}{2}\left(\frac{x-\mu}{\sigma}\right)^2} dx$. Durch die Substitution $z = \frac{x-\mu}{\sigma}$ erhält man:

$$P(x_1 \leq X \leq x_2) = \frac{1}{\sigma \cdot \sqrt{2\pi}} \cdot \int_{x_1}^{x_2} e^{-\frac{1}{2}\left(\frac{x-\mu}{\sigma}\right)^2} dx = \frac{1}{\sqrt{2\pi}} \cdot \int_{z_1}^{z_2} e^{-\frac{1}{2}z^2} dz$$

wobei $z_1 = \frac{x_1 - \mu}{\sigma}$ und $z_2 = \frac{x_2 - \mu}{\sigma}$.

Die Transformation $Z = \frac{X - \mu}{\sigma}$ ergibt eine $N(0; 1)$-verteilte Zufallsvariable.

Eine $N(0; 1)$-verteilte Zufallsvariable Z heißt **standardnormalverteilt.**
Ihre Dichtefunktion ist die **Gauß-Funktion** φ mit $\varphi(z) = \frac{1}{\sqrt{2\pi}} \cdot e^{-\frac{1}{2}z^2}$.

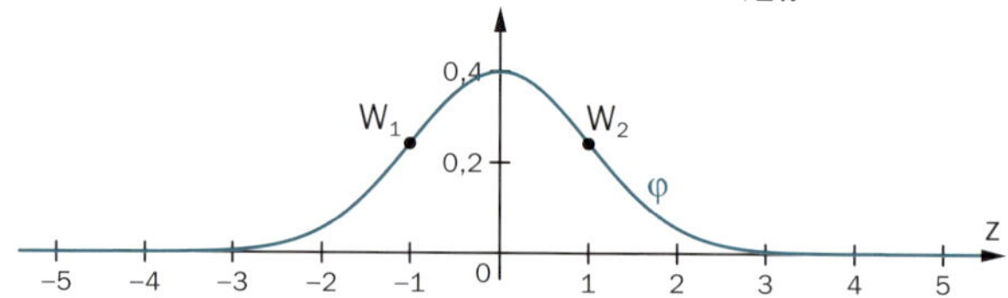

Verteilungsfunktion der Standardnormalverteilung Φ mit $\Phi(z) = P(Z \leq z) = \int_{-\infty}^{z} \varphi(t)\,dt$

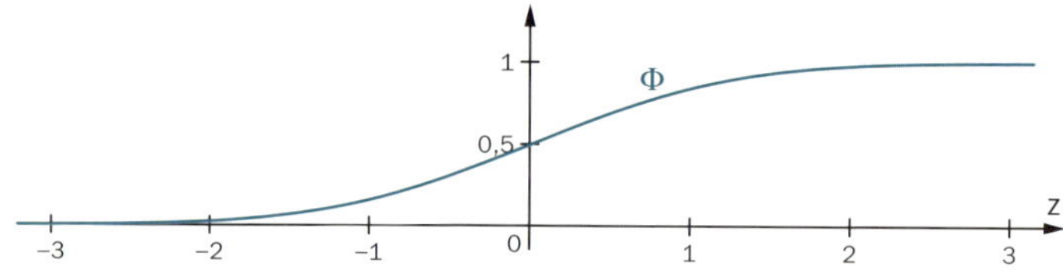

Für $N(0; 1)$-verteilte Zufallsvariable Z gilt: $P(z_1 \leq Z \leq z_2) = \Phi(z_2) - \Phi(z_1)$

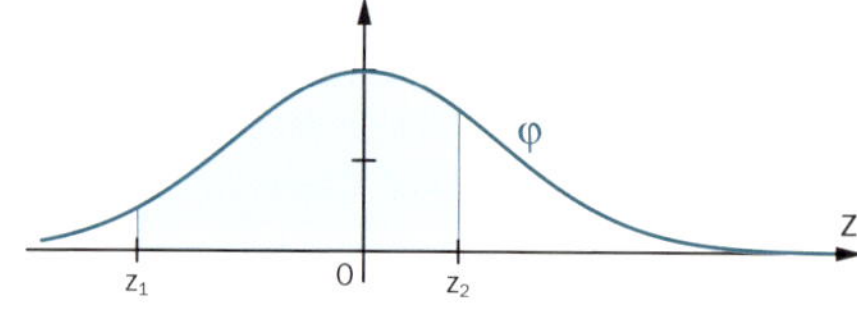

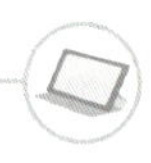

Die Werte der Verteilungsfunktion Φ können in Tabellen nachgeschlagen werden. Sie werden aber auch durch Technologie bereitgestellt.

Ermittle beispielsweise $\Phi(1{,}5)$ mittels GeoGebra. Wähle Normalverteilung mit $\mu = 0$ und $\sigma = 1$ und ein linksseitiges Intervall mit $X \leq 1, 5$:
$\Phi(1{,}5) = 0{,}9332$

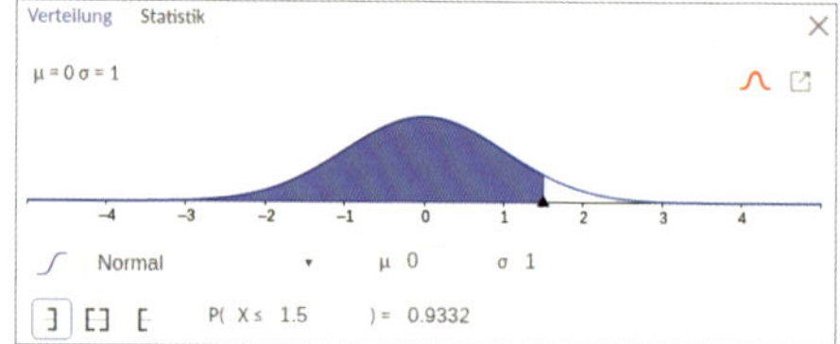

Bsp Die Dichte- und Verteilungsfunktion der Standardnormalverteilung sind gegeben:

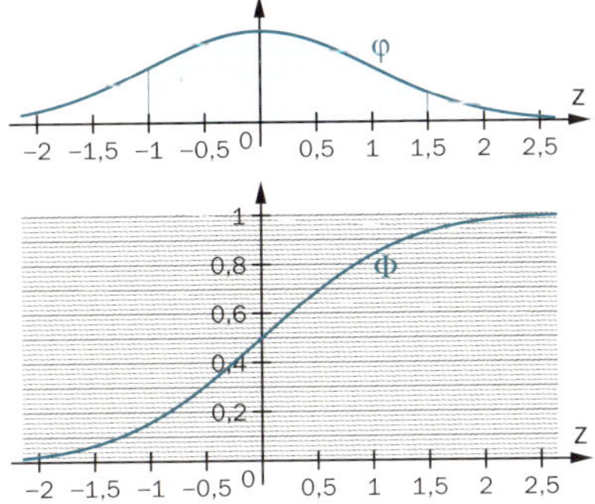

Wir sollen angeben, welche Wahrscheinlichkeit in der Dichtefunktion markiert ist und wie groß sie ist.
Du siehst: Die Fläche ist zwischen $z_1 = -1$ und $z_2 = 1{,}5$ markiert. Das ist die Wahrscheinlichkeit: $P(-1 \leq Z \leq 1{,}5) = \Phi(1{,}5) - \Phi(-1)$
Lies die Werte der Verteilungsfunktion ab: $\Phi(1{,}5) = 0{,}93$ und $\Phi(-1) = 0{,}16$; daher:
$P(-1 \leq Z \leq 1{,}5) \approx 0{,}93 - 0{,}16 = 0{,}77$

Bsp Eine binomialverteilte Zufallsvariable kann durch eine $N(10;\, 2)$-verteilte Zufallsvariable X approximiert werden. Für $Z = \frac{X-10}{2}$ gilt: $\Phi(1) = 0{,}841$.
Was bedeutet dies für die binomialverteilte Zufallsvariable?
Für Z gilt: $\Phi(1) = P(Z \leq 1) = 84{,}1\,\%$. Wegen $Z = \frac{X-10}{2}$ folgt: $1 = \frac{x-10}{2} \Rightarrow x = 12$, d. h. $P(X \leq 12) = P(Z \leq 1) = 84{,}1\,\%$.
Die Wahrscheinlichkeit, dass die binomialverteilte Zufallsvariable maximal den Wert zwölf annimmt, beträgt ca. 84,1 %.

Bsp Eine binomialverteilte Zufallsvariable kann durch eine $N(200;\, 10)$-verteilte Zufallsvariable X approximiert werden. Es ist bekannt, dass die Wahrscheinlichkeit, dass die binomialverteilte Zufallsvariable einen Wert größer gleich x annimmt, gleich 24 % ist.
Wir bestimmen mithilfe der Verteilungsfunktion Φ der Standardnormalverteilung den unbekannten Wert x.

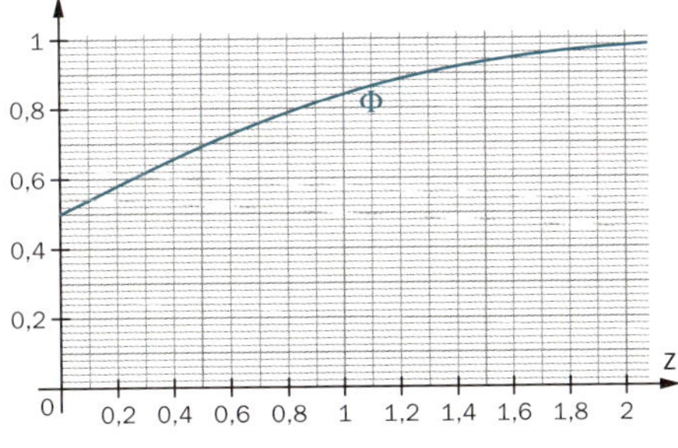

Überlege: Mit der Transformation $Z = \frac{X-200}{10}$ gilt für $z = \frac{x-200}{10}$:
$P(Z \geq z) = P(X \geq x) = 0{,}24$. Daraus folgt: $P(Z \leq z) = 1 - 0{,}24 = 0{,}76$, d. h.
$\Phi(z) = 0{,}76$. Suche die Stelle z mit $\Phi(z) = 0{,}76 \Rightarrow z = 0{,}7 \Rightarrow 0{,}7 = \frac{x-200}{10}$
$\Rightarrow x = 207$
Der unbekannte Wert ist 207, d. h. die Wahrscheinlichkeit, dass die binomialverteilte Zufallsvariable größer oder gleich 207 ist, beträgt 24 %.

Die Umkehrfunktion Φ^{-1}

In obigen Beispiel kannten wir $\Phi(z) = 0{,}76$ und haben dazu die entsprechende Stelle z ermittelt. Weil die Verteilungsfunktion Φ streng monoton wachsend ist, gibt es nur eine einzige Stelle z mit $\Phi(z) = 0{,}76$.

Es gibt also die Umkehrfunktion Φ^{-1}.

Die Werte der Umkehrfunktion Φ^{-1} erhältst du beispielsweise in GeoGebra mit dem Befehl „InversNormal(<Mittelwert>, <Standardabweichung>, <Wahrscheinlichkeit>)“.

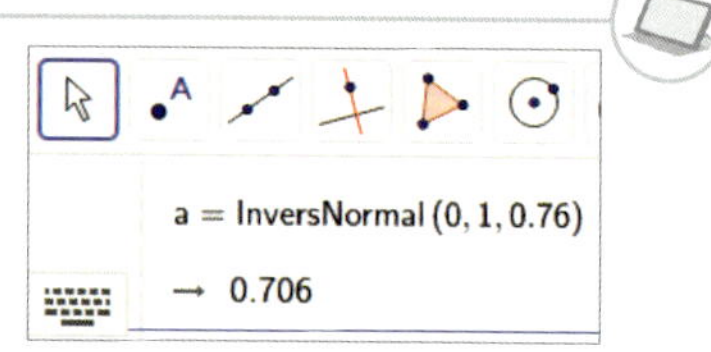
A
a = InversNormal(0, 1, 0.76)
→ 0.706

WS 4: Schließende/Beurteilende Statistik

Definition von Konfidenzintervallen

Ein Meinungsforschungsinstitut soll herausfinden, wie viele Personen bereit wären, sich gegen Grippe impfen zu lassen, wenn der Impfstoff gratis zur Verfügung gestellt werden würde. Dazu wird eine Stichprobe von n zufällig ausgewählten Menschen befragt. Von dieser Stichprobe wird durch eine Hochrechnung geschlossen, welcher Anteil p der gesamten Population zu dieser Impfung bereit wäre.

Die Stichprobe ergibt eine bestimmte Anzahl k von Personen, die sich für eine Impfung aussprechen. Der Wert $p_0 = \frac{k}{n}$ ist ein Schätzwert für den unbekannten Anteil p. Er hängt von der Stichprobe, also von der konkreten Auswahl der befragten Personen, ab.

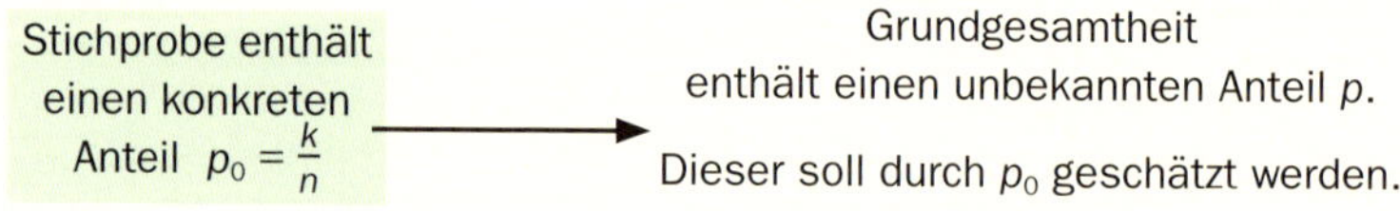
Stichprobe enthält einen konkreten Anteil $p_0 = \frac{k}{n}$
Grundgesamtheit enthält einen unbekannten Anteil p.
Dieser soll durch p_0 geschätzt werden.

▶ Zum Weiterüben:
Typ-1-Aufgaben zu WS 3 findest du in Thema Mathematik 8, S. 233–237.

Man kann zu dieser Stichprobe ein Intervall $I = [p_{min}, p_{max}]$ mit $p_0 \in I$ konstruieren. Der wahre Anteil p an Impfbefürwortern soll in diesem Intervall liegen. Da das Intervall von der zufälligen Stichprobe abhängt, funktioniert das aber nicht immer.

Würde man sehr viele Befragungen von jeweils n Personen durchführen, würde jede einzelne ein anderes Intervall liefern. Man legt fest: Die Intervalle haben eine Sicherheit γ, wenn gilt: Im Mittel enthält ein Anteil γ der Intervalle den wahren Wert von p. Das wird als **frequentistische Deutung** bezeichnet.

Konfidenzintervall

Ein Intervall $I = [p_{min}, p_{max}]$ heißt **Konfidenzintervall** mit **Sicherheit** γ, wenn im Mittel bei einem Anteil γ aller Stichproben der Parameter p im ermittelten Intervall I liegt.

Hinweis

Ein Konfidenzintervall mit Sicherheit $\gamma = 0{,}9$ hat folgende Eigenschaft:
Führt man sehr viele Befragungen von jeweils n Personen durch, so bekommt man durchschnittlich zu 90 % ein Konfidenzintervall, in dem der unbekannte Anteil p liegt. Die Abbildung soll dies illustrieren: von 10 Stichproben ergeben neun ein Intervall, in dem der wahre Wert von p liegt. Nur eine Stichprobe liefert ein Intervall, welches p nicht enthält.

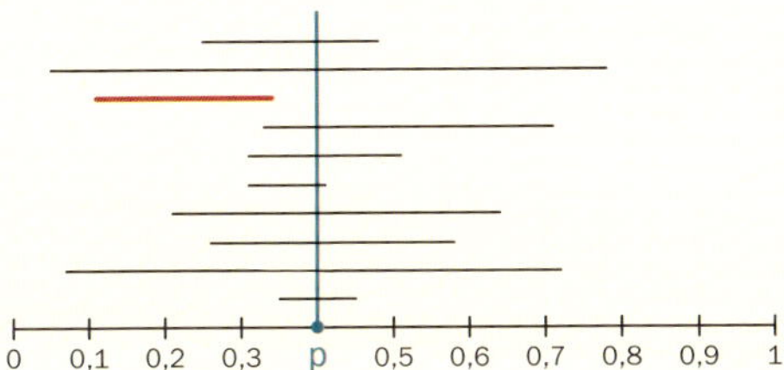

Bsp

Die österreichische Regierung möchte wissen, wie groß der Anteil der Personen über 20 Jahren ist, die mindestens zweimal in der Woche Sport betreiben. Dazu werden 125 Stichproben mit demselben Umfang durchgeführt. Zu jeder Stichprobe wird ein Konfidenzintervall mit Sicherheit 96 % bestimmt.

Gib an, wie viele dieser Konfidenzintervalle im Mittel den gesuchten Anteil nicht enthalten werden!

Überlege: Sicherheit 96 % bedeutet, dass erwartungsgemäß 96 % der Konfidenzintervalle den unbekannten Anteil enthalten, das sind $0{,}96 \cdot 125 = 120$ Intervalle.

Es ist zu erwarten, dass 5 der 125 ermittelten Konfidenzintervalle den gesuchten Anteil nicht enthalten.

Berechnung von Konfidenzintervallen

Allgemein hat man folgende Situation: Von einer mit den Parametern n und p binomialverteilten Zufallsvariable X ist n bekannt und p unbekannt.
Eine bestimmte Stichprobe liefert k „Erfolge" und damit den Wert $p_0 = \frac{k}{n}$ als Schätzwert für p. Unter der Annahme, dass X durch eine mit $\mu = np$ und $\sigma = \sqrt{np(1-p)}$ normalverteilte Zufallsvariable approximiert werden kann, sucht man ein Konfidenzintervall mit Sicherheit γ. Dazu werden Gauß'sche Glockenkurven konstruiert, für die die Zahl k in einem γ-Streubereich um $\mu = np$ liegt:

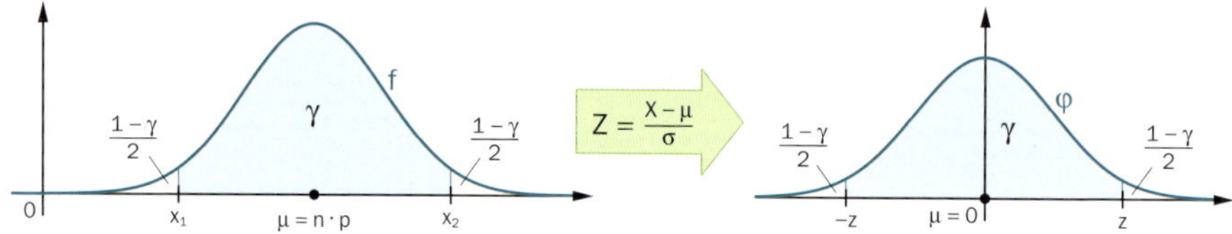

Man sieht: $\Phi(z) = \frac{1-\gamma}{2} + \gamma = \frac{1}{2} + \frac{\gamma}{2} \Rightarrow z = \Phi^{-1}\left(\frac{1}{2} + \frac{\gamma}{2}\right)$

falls $x_1 = k$ gilt: $-z = \frac{k - n p_{max}}{\sqrt{n p_{max}(1 - p_{max})}}$ falls $x_2 = k$ gilt: $z = \frac{k - n p_{min}}{\sqrt{n p_{min}(1 - p_{min})}}$

In diesen Gleichungen sind die exakten Grenzen p_{min} und p_{max} des Konfidenzintervalls die Unbekannten.

Näherungsformel für die Grenzen des Konfidenzintervalls

Für viele Zwecke liefert folgende Näherungsformel ausreichend genaue Werte für die Grenzen p_{min} und p_{max} des Konfidenzintervalls:

$$p_{min} = p_0 - z\sqrt{\frac{p_0(1-p_0)}{n}} \qquad p_{max} = p_0 + z\sqrt{\frac{p_0(1-p_0)}{n}}$$

mit Sicherheit $\gamma = 2 \cdot \Phi(z) - 1$ bzw. $z = \Phi^{-1}\left(\frac{1}{2} + \frac{\gamma}{2}\right)$
und relativer Anteil in der Stichprobe $p_0 = \frac{k}{n}$

Hinweise

- Die Näherungsformel liefert Konfidenzintervalle, die symmetrisch um den Wert p_0 liegen. Ihre halbe Breite $\varepsilon = \frac{p_{max} - p_{min}}{2} = z\sqrt{\frac{p_0(1-p_0)}{n}}$ ist ein Maß für die Genauigkeit der Schätzung: Je größer die Breite des Konfidenzintervalls, umso ungenauer ist die Schätzung des unbekannten Anteils p.
- Für die Bearbeitung von Maturaaufgaben wird angenommen, dass die Näherungsformel verwendet wird. Sie steht auch in der vom Ministerium herausgegebenen Formelsammlung (allerdings wird dort p_0 mit h bezeichnet).
- Technologien benutzen ebenfalls diese Näherungsformel (siehe Seite 95).

Bsp Der Kandidat K tritt zur Stichwahl einer Bundespräsidentenwahl an. Im Auftrag einer Tageszeitung werden 160 per Zufall ausgewählte Personen befragt, ob sie Kandidat K wählen werden. 84 Befragte beantworten diese Frage mit „Ja“, die anderen mit „Nein“.

Konstruiere auf Grundlage dieser Umfrage ein symmetrisches 90 %-Konfidenzintervall.

Du weißt: $n = 160$ und $k = 84 \Rightarrow p_0 = \frac{84}{160} = 0{,}525$

Bestimme z: Weil $\gamma = 0{,}9 \Rightarrow \frac{1}{2} + \frac{\gamma}{2} = 0{,}95$ und daher $\Phi(z) = 0{,}95 \Rightarrow z = 1{,}6449$.

In die Formel eingesetzt: $\varepsilon = z\sqrt{\frac{p_0(1-p_0)}{n}} = 1{,}6449 \cdot \sqrt{\frac{0{,}525(1-0{,}525)}{160}} = 0{,}0649$

$p_{min} = p_0 - \varepsilon = 0{,}525 - 0{,}0649 = 0{,}4601$ und

$p_{max} = p_0 + \varepsilon = 0{,}525 + 0{,}0649 = 0{,}5899 \Rightarrow$ Konfidenzintervall [46 %; 59 %]

Mit **GeoGebra** kann obige Aufgabe mit dem Befehl „GaußAnteilSchätzer“ gelöst werden. Dazu gibt man die Werte von p_0, n und γ als Argumente an:

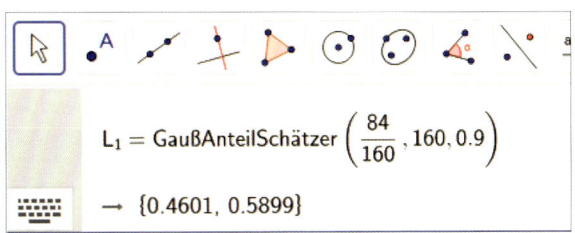

$L_1 = \text{GaußAnteilSchätzer}\left(\frac{84}{160}, 160, 0.9\right)$

$\rightarrow \{0.4601, 0.5899\}$

Bsp Ein Radiosender befragt 300 zufällig ausgewählte Hörerinnen und Hörer, ob eine bestimmte Sendung gefällt. 192 Befragte stimmen zu.
Daraus wird für den unbekannten Anteil an Hörerinnen und Hörer, denen die Sendung gefällt, das symmetrische Konfidenzintervall [58,3 %; 69,7 %] ermittelt.

Bestimme das Konfidenzniveau für dieses Intervall!

Du weißt: $n = 300$ und $k = 192 \Rightarrow p_0 = \frac{192}{300} = 0{,}64$

Außerdem: $\varepsilon = \frac{p_{max} - p_{min}}{2} = \frac{0{,}697 - 0{,}583}{2} = 0{,}057$

Setze in die Formel $\varepsilon = z\sqrt{\frac{p_0(1-p_0)}{n}}$ ein: $0{,}057 = z\sqrt{\frac{0{,}64(1-0{,}64)}{300}} \Rightarrow z = 2{,}0568$

und $\gamma = 2 \cdot \Phi(z) - 1 = 2 \cdot 0{,}98 - 1 = 0{,}96$

Das Konfidenzniveau beträgt 96 %.

Eigenschaften von Konfidenzintervallen

Konfidenzintervalle werden durch drei grundlegende Größen charakterisiert:

- den Stichprobenumfang n
- die Sicherheit (das Konfidenzniveau) γ
- die Breite des Intervalls 2ε

Diese Größen sind nicht unabhängig voneinander. Sie werden durch die Formel $\varepsilon = z\sqrt{\frac{p_0(1-p_0)}{n}}$ verknüpft. Wegen $\gamma = 2 \cdot \Phi(z) - 1$ ist das z in der Formel umso größer, je größer das Konfidenzniveau γ ist.

Zusammenhang Stichprobenumfang *n*, Sicherheit γ und Breite des Konfidenzintervalls 2ε

Sicherheit γ konstant	je größer n, umso schmäler das Konfidenzintervall, also umso kleiner ε (umso genauer die Schätzung)
Intervallbreite 2ε konstant	je größer n, umso größer die Sicherheit γ
Stichprobenumfang n konstant	je größer die Sicherheit γ, umso breiter das Konfidenzintervall, also umso größer ε (umso ungenauer die Schätzung)

Hinweise

Die oben angegebenen Eigenschaften ergeben sich einerseits aus der Formel für die halbe Breite ε, sind aber auch ohne Formel weitestgehend klar. Wir könnten beispielsweise wie folgt argumentieren:

Falls γ konstant, gilt: Je größer n, umso kleiner ε

Argument: Je mehr Personen befragt werden, umso genauer wird $p_0 = \frac{k}{n}$ den unbekannten Anteil p schätzen. Im Extremfall könnte die gesamte Grundgesamtheit befragt werden und man erhält den genauen Wert $p_0 = p$. In diesem Fall wäre $\varepsilon = 0$, weil das Konfidenzintervall aus nur einer Zahl besteht!

Falls ε konstant, gilt: Je größer n, umso größer die Sicherheit γ

Argument: Je mehr Personen befragt werden, umso zuverlässiger wird der unbekannte Anteil p im Intervall liegen. Im Extremfall könnte die gesamte Grundgesamtheit befragt werden und man erhält den genauen Wert $p_0 = p$. Dann ist das Konfidenzniveau 100 %.

Falls n konstant, gilt: Je größer die Sicherheit γ, umso größer ε

Argument: Will man eine Aussage über den tatsächlichen Wert p treffen, die mit hoher Sicherheit zutrifft, so muss die Breite des Konfidenzintervalls größer werden. Im Extremfall wählt man als Konfidenzintervall $I = [0; 1]$. Dieses enthält den Wert p mit 100%iger Sicherheit.

▶ Zum Weiterüben:
Typ-1-Aufgaben zu WS 4 findest du in Thema Mathematik 8, S. 237–238.

Stichwortverzeichnis